助力乡村振兴
出版计划

【 现代养殖业实用技术系列 】

鸭
优质高效
养殖技术

主　编　戴　银

副主编　刘　伟　潘孝成

编写人员　赵瑞宏　胡晓苗　沈学怀　尹　磊
　　　　　王洁茹　殷冬冬　许发芝　程帮照

ARTIME
时代出版
时代出版传媒股份有限公司
安徽科学技术出版社

图书在版编目(CIP)数据

鸭优质高效养殖技术 / 戴银主编. --合肥:安徽科学技术出版社,2022.12(2023.9 重印)

助力乡村振兴出版计划. 现代养殖业实用技术系列

ISBN 978-7-5337-7525-4

Ⅰ.①鸭…　Ⅱ.①戴…　Ⅲ.①鸭-饲养管理

Ⅳ.①S834.4

中国版本图书馆 CIP 数据核字(2022)第 212029 号

鸭优质高效养殖技术　　　　　　　　　　　　　　　　主编　戴　银

出 版 人:王筱文　选题策划:丁凌云　蒋贤骏　陶善勇　责任编辑:李　春

责任校对:沙　莹　责任印制:梁东兵　　　　　　　　装帧设计:冯　劲

出版发行:安徽科学技术出版社　　　　http://www.ahstp.net

(合肥市政务文化新区翡翠路 1118 号出版传媒广场,邮编:230071)

电话:(0551)63533330

印　　制:合肥华云印务有限责任公司　　电话:(0551)63418899

(如发现印装质量问题,影响阅读,请与印刷厂商联系调换)

开本:720×1010　1/16　　　　印张:7　　　　字数:93 千

版次:2022 年 12 月第 1 版　　　印次:2023 年 9 月第 2 次印刷

ISBN 978-7-5337-7525-4　　　　　　　　　　定价:32.00 元

出版说明

"助力乡村振兴出版计划"（以下简称"本计划"）以习近平新时代中国特色社会主义思想为指导，是在全国脱贫攻坚目标任务完成并向全面推进乡村振兴转进的重要历史时刻，由中共安徽省委宣传部主持实施的一项重点出版项目。

本计划以服务乡村振兴事业为出版定位，围绕乡村产业振兴、人才振兴、文化振兴、生态振兴和组织振兴展开，由《现代种植业实用技术》《现代养殖业实用技术》《新型农民职业技能提升》《现代农业科技与管理》《现代乡村社会治理》五个子系列组成，主要内容涵盖特色养殖业和疾病防控技术、特色种植业及病虫害绿色防控技术、集体经济发展、休闲农业和乡村旅游融合发展、新型农业经营主体培育、农村环境生态化治理、农村基层党建等。选题组织力求满足乡村振兴实务需求，编写内容努力做到通俗易懂。

本计划的呈现形式是以图书为主的融媒体出版物。图书的主要读者对象是新型农民、县乡村基层干部、"三农"工作者。为扩大传播面、提高传播效率，与图书出版同步，配套制作了部分精品音视频，在每册图书封底放置二维码，供扫码使用，以适应广大农民朋友的移动阅读需求。

本计划的编写和出版，代表了当前农业科研成果转化和普及的新进展，凝聚了乡村社会治理研究者和实务者的集体智慧，在此谨向有关单位和个人致以衷心的感谢！

虽然我们始终秉持高水平策划、高质量编写的精品出版理念，但因水平所限仍会有诸多不足和错漏之处，敬请广大读者提出宝贵意见和建议，以便修订再版时改正。

本册编写说明

我国是水禽生产大国,鸭的养殖具有悠久的历史。鸭肉和鸭蛋产品含有丰富的不饱和脂肪酸,营养丰富且风味独特,是我国居民重要的优质蛋白质来源。近年来,我国养鸭业迅速发展,饲养量逐年递增,鸭肉、鸭蛋、羽绒产品等已经出口到世界各地。鸭养殖产业已经成为农民就业、脱贫、增收的重要产业,是我国的特色产业,也是农村经济发展的支柱产业之一,对于助力乡村振兴战略实施,建设社会主义新农村具有十分重要的作用。

随着科学技术的快速发展,传统的饲养方式和管理模式已经不能适应现代养殖业的发展,集约化、规模化、专业化的鸭场越来越多。目前,我国养鸭业正处于由小变大、由弱变强的关键时期,从国家到地方政府相继出台了一系列的鼓励和扶持政策。但养鸭业仍然面临一些问题,如传统肉鸭和蛋鸭品种不能满足产业化生产的需求,培育生产速度快,饲料转化效率高且抗病力强的鸭新品系依然十分重要;随着我国对环境保护的要求越来越严格,以陆地圈养、笼养为主的离岸旱养模式是产业发展的大趋势,但部分养殖户为节省成本,依然采取传统的开放式生产模式,或对养殖中产生的粪污不做有效的处理,进而对周围环境造成严重污染。此外,在规模化的鸭养殖中,鸭疾病的发生和流行也变得日益复杂,且部分养殖技术人员对鸭病的综合防控不够重视,存在"重治轻防"的错误思想,给鸭养殖业带来极大的威胁。

本书从鸭场的规划与建设、常见的鸭品种、鸭的饲养技术、鸭的常见疾病与防治等方面入手,对鸭的健康养殖技术作了比较详细全面的论述。全书结合生产实际,内容丰富,通俗易懂,实用操作性强,可供养鸭场及养鸭专业户参考使用。

目　录

第一章 鸭场的规划与建设

鸭场是鸭养殖的主要场所,良好的饲养环境对鸭的生长发育、营养健康、疫病防控等有着重要的作用。鸭场的选址、规划和建设应综合考虑当地的自然环境及周边地区的土地、水源、交通、建筑等条件,科学的鸭场规划与建设可以在很大程度上提高生产效率,降低生产成本,增加养殖的经济效益。

▶ 第一节 场 址 选 择

鸭场的场址选择应当按照国家相关法律法规执行,首先要符合动物防疫条件,并综合考虑村镇建设规划和当地土地利用规划。

一 地势、地形和土质的要求

1.地势

鸭场地势需高于周围环境,以平坦或略有坡度为宜,便于排涝,防止在下雨时场内积水造成地面泥泞。鸭场地势还要有利于保持场内干燥,湿度过大易导致疾病的发生。建在山区的鸭场,以稍平缓的朝阳坡面为宜。而平原地区的鸭场应建在地势平阔并有利于排水的地方。鸭场建筑的朝向应坐北朝南,南窗大于北窗,既有利于采光通风又可保温。要求背风向阳,这样可保证充足的阳光,便于通风换气,有助于鸭群的健康生

长。如不能满足坐北朝南,朝东或朝东南亦可,但朝西或朝北的地段不适宜建鸭场。对采用水陆结合饲养的种鸭场,应在陆上运动场和水上运动场的地面之间增加有坡度的斜面。

2.地形

鸭场的地形应整齐、平坦、开阔、布局宽敞。过于狭长或边角过多的场地会增加鸭场防护措施的成本。位于山区的鸭场,应避免建在夜间气温低和空气稀薄的山顶,以及通风不良和潮湿低洼的山谷,通常选在略有坡度的南向山腰处,有利于向阳、排水、干燥、通风。鸭场建设同样要远离沼泽,沼泽地区长期潮湿,并且蚊、虻聚集,易传播寄生虫等疾病。在保证鸭舍采光的同时,可在鸭场四周种植树木,凭借周围的河流、林带等作为天然屏障。鸭场应避免周围环境带来的污染,如化工厂、屠宰场等,还要防止鸭场的污水、排泄物等对周边的居民生活区、水资源等造成污染。另外,注意尽量不在原有的禽类场上复建或者扩大建设,避免鸡、鸭、鹅混养。

3.土质

建场的区域应选用透气和透水性好、毛细管作用弱的土壤。土壤最好具有抗压性强、土质均匀、吸湿和导热性小等优点,砂壤土是理想的建场土壤。非砂壤土地的鸭场应保持畅通的排水,特别在多雨季节避免地面潮湿和泥泞,保持鸭场内外的充分干燥。

二 水源的要求

1.水源的选择

水源的水量要充足,供水量要能满足夏季每日最大用水量,包括每只鸭的饮用水、冲洗鸭体和鸭舍用水,以及鸭场其他生产和人员生活用水等。最好不经处理即符合饮用水的水质标准,如水质达不到要求,则必须要经过处理(净化或消毒)方可作为饮用水源。提前了解当地水质可能存在的问题,是否出现过某些地方性疾病等。水源应相对独立,远离其他水禽或鸟类生活的湖泊、河流等,尽可能避免受到周围环境的污染,以及对人用水源造成污染。鸭场离水源的距离不宜过远,水深要适宜,水面也不能过宽。

2.水源的类型

鸭场的水源主要有地面水、地下水和自来水等。要求水源的周围无农田、其他养殖场、垃圾处理厂和厕所等污染源。其中地面水、地下水可采取分散式供水(机器取水、手压泵、人力取水)方式。

(1)地面水。地面水最好选择面积大、具有流动性的水源,包括江河、湖泊、水库、沟塘等。地面水具有储量充足、来源广泛,且能够自我清洁、循环利用等优点,是鸭场最广泛使用的水源。鸭场用水量大,推荐机器取水,为保证清洁和免受周围环境的污染,需配套密封的运输管道、储水装置和处理设备,定期清洁。

(2)地下水。地下水是埋藏在地表以下的各种形式的水,包括深井水、浅井水、泉水等。地下水中富含矿物质,建场前需检测当地地下水中矿物质的含量和其他有毒物质,防止其中有毒物质损害鸭体健康。地下水取水装置及处理设备可参考地面水。若地下水无法满足鸭场的用水量,可采取地下水和地面水相结合的方式,地下水主要作为生活用水,地面水作为生产用水。

(3)自来水。鸭场周边无河流、湖泊等自然水源可利用时,可利用来源广泛的自来水建造人工蓄水池,水深约1米,水面约100平方米,方便引进和排出。

因自来水的处理标准严格、统一,故自来水水质可靠,方便使用,污染概率小,是鸭场理想的饮用水。但是相对成本较大,可用于饮用。清洁鸭

场或更换水上运动池水时可用天然水,从而降低使用成本。

三 鸭场的其他必要条件

鸭场的其他必要条件包括鸭场与周围环境的关系,以及交通运输、信息交流、电力供应、防疫条件等。

1.应当符合动物防疫条件

鸭场选址应该符合国家及当地的动物防疫规定,保持与人口密集区域、主要交通要道以及动物性集贸市场和养殖场 1 千米以上的距离;距离动物隔离场所、无害化处理场所及大型化工厂等易产生污染的场所 3 千米以上。鸭场应位于下风口,地势低于居民点,但要避开生活生产排污口。

2.应当符合环境保护要求

鸭场选址应避开人口密集区、风景区、水源地等环境敏感区,以及法律、法规规定的其他禁养区域。应有无害化处理粪污的设施设备以及充足的场地和排污条件,并通过有关部门的建场环境影响评价。

3.交通便利,利于防疫

为便于鸭产品、饲料、鸭苗以及鸭场职工生活物资的运输,鸭场交通要求方便,可靠近次要道路但不要靠近交通主干道,否则不利于防疫卫生。场地应选择远离飞机场、铁路、公路及工厂等略为偏僻的地方,避免声响、灯光、影像等因素刺激影响鸭的休息和产蛋。鸭场应距离居民居住地及主要公路不少于 1 千米,距离次要公路 500~1 000 米。鸭场可单独修建与主要公路相连的专用道,既方便运输又有利于防疫。

4.通信方便,网络信号稳定

鸭场内应有必要的通信设施,包括场内装置电话、电脑。网络信号要求稳定、持续,还可安装饲养管理监控等设备。

5.电力供应有保证

养鸭场的孵化、供温、照明、通风换气及饲料加工等都离不开电,突然断电易造成较大的经济损失。因此,选择场址时,还必须重视供电条件,应具备可靠的电力供应。同时靠近输电线路,尽量缩短新线铺设距离,要求电力安装方便且能保证24小时供应,最好自己备有发电设备。

6.保持清洁,按时消毒防疫

鸭场内外环境要保持干净、干燥;勤打扫,勤换垫料,勤整理粪便。不同年龄段的鸭的饲养用具要分开使用,防止交叉感染,在每次喂料后清洗干净,保持干燥;鸭场还要定期消毒,重视生物安全。病、死鸭要及时隔离或进行无害化处理,防止疫病在场内的传播。夏季应及时消灭蚊、蝇及寄生虫等。

7.提倡种养结合,粪污资源化利用

建设可持续发展的鸭场,可以将鸭场规划在种植业周围,既可以充分利用种植业产品作为饲料原料,减少运输成本,也可以将养鸭产生的大量粪便经资源化处理后作为种植业的有机肥料,形成种养结合的可持续发展农业链。

▶ 第二节 场地布局

鸭场场地布局应根据拟建场区的地势地形、自然条件、主导风向等因素进行科学、合理的布局。

一 合理分区

鸭场分区规划的基本原则是充分、科学地利用现有用地面积,依据鸭场的地势、地形创造优质的养鸭环境,构建最佳的生产布局,并满足卫生

防疫条件,既提高人员的劳动效率,又兼顾人、鸭健康并给鸭场留有扩大发展的空间。鸭场功能区主要分为管理区、生产区、隔离区。三个功能区应标准化设计,保持相对独立,按地势和主风向及水流方向合理布局。管理区应当在全场上风和地势较高的地段,其次是生产区、隔离区。

1.管理区

管理区包括职工宿舍、食堂、办公室、供电室、车库、进出场消毒室等,布局应利于疫病防控。职工生活区应当在上风向、地势较高的区域,然后是人员办公和生产管理区。管理区的生活污水应单独排放,不得流入生产区。根据实际需要,管理区与生产区之间设置消毒通道,禁止无关人员进入生产区。

2.生产区

生产区是鸭场的核心,应根据主导风向按育雏舍、育成舍和成年鸭舍的顺序排列,运动场和水池视实际情况而定。有孵化室的鸭场,孵化室应和所有的鸭舍相隔一定距离,最好设立于整个鸭场之外。生产区设在管理区的下风口和较低处,但高于粪污处理区,并在粪污处理区的上风向。为了防疫安全,场区和生产区四周应设有围墙或防疫沟,场区、生产区、鸭舍门口设置脚踏消毒池(盆)和紫外线灯,鸭舍设纱窗,生产区设更衣室,进出鸭场的车辆及相关物品进行彻底的消毒,严防带有病菌或被污染的用具、车辆、饲料等进入场内。同时,舍与舍之间要保持一定距离,利于采光、通风、防疫、防火。净道、污道严格分开,防止交叉污染。

生产辅助区,包括储料间、饲料加工间、鸭蛋贮藏室等,根据实际情况设置在生产区内或周边,方便人员日常取用和管理,保持洁净干燥。

3.隔离区

隔离区应建有病鸭养殖区、兽医室、动物尸体无害化处理区和粪污处理区。隔离区要与其他区域分开,在下风向,并要有一定距离,最好与生产区保持 100 米以上的距离。

总之,鸭舍布局要科学,间距要符合卫生防疫要求,整体结构力求合理,地面、天棚、墙壁光滑,适合冲刷消毒,饲养棚架或笼具要坚固耐用,便于拆卸安装、清洗和消毒。鸭场场内道路规划科学合理,交通便利。净道和污道分开,避免发生交叉感染。场区内绿化率应高于 25%,种植适宜的花草树木美化环境,既可以固定土壤,又能防灰除尘。随着国家对环保的重视,鸭场应设置专用排水设施和粪污处理设施。

二 布局的原则

布局应依据以下原则:合理利用当地地形地势、主导风向和光照条件;应符合兽医卫生防疫制度;充分考虑防火安全及潜在自然灾害的影响;确定生产环节及各功能区之间的最佳联系,尽量提高生产和劳动效率。

▶ 第三节　鸭舍的建造

鸭舍的建造应因地制宜,综合考虑当地地形、主导风向、养殖规模和其舍内环境控制等情况的需求灵活调整。

一 鸭舍的基本要求

鸭舍的朝向以坐北朝南或坐西北朝东南较好,南向鸭舍可适当向东或向西偏转 15°~30°,南方地区应考虑防暑,尽量避开西晒,以向东偏转为好,北方地区朝向偏转的自由度可大一些。鸭舍宽度通常为 8~12 米,长度视需要而定,一般不超过 100 米,内部分隔成若干隔间,隔间可采用实墙隔离成单独的饲养单元,也可采用矮墙或低网(栅)做部分隔离。一般鸭舍的跨度与长度的比例为 1:10,高度取决于鸭舍的跨度,范围控制

在 2~3 米。间距一般为鸭舍跨度的 1.5~2 倍比较合理。开放式有窗鸭舍，窗户大小是舍内面积的 1/3。北方寒冷地区，为了保温和节省材料，鸭舍高度可稍低，一般檐口离地面高 2 米左右。

1.隔热防寒性能

鸭舍建造时要充分考虑夏天防热和冬天防寒性能，屋顶与墙壁等要有隔热设计：一方面防止夏天高温、太阳辐射对舍内温度的影响；另一方面，冬季气温较低时，保证鸭舍的保温性。同时育雏舍要有供暖设备，方便舍内温度低时及时加温。用煤炉加温时，要注意通风，避免一氧化碳中毒。

2.采光及通风换气条件

鸭舍要有良好的采光、通风换气条件。鸭舍朝向设计科学合理，有利于自然采光。充足的阳光照射可提高冬季舍内温度，既能促进机体新陈代谢，增进食欲，提高生产性能，还有利于杀灭病原微生物。鸭舍可安装排气扇加大通风效果，尤其冬季鸭舍相对封闭，鸭舍内容易滞留大量的有害气体，可在保温的前提下适当通风换气。

3.排水设施和防疫消毒

鸭舍选址要求地势高，地下水位低，便于排水。鸭舍周围应设置排水沟，排水设施完善。舍内墙壁应坚硬、光滑、不透水，易于清洗消毒，尽量采用水泥地面，易于防疫消毒。有窗户的鸭舍要安装防护网，防止飞鸟、野兽、蚊虫等进入鸭舍，引起鸭群应激反应和病毒传播。

二 鸭舍的类型

鸭舍类型一般可分为简易鸭舍和固定式鸭舍，规模化养鸭多采用固定式鸭舍。固定式鸭舍按建筑式样可分为密闭式、开放式、半开放式；按饲养方式分为地面平养、网上平养、半网上饲养、笼式养殖等；按用途分为育雏鸭舍、育成鸭舍、种鸭舍、填鸭舍。

1.简易鸭舍

简易鸭舍多为棚养鸭舍,适用于地面平养的饲养方式。在我国北方一般采用大棚内地面旱养的方式,在南方则由于水生资源丰富,多采用水域放牧与地面平养相结合的方式。南方多见拱形鸭棚,北方则主要为塑料大棚鸭舍,这两种鸭舍的形状、结构相似。鸭棚建造规格依据地形而定,总体应有利于生产操作。传统鸭舍(图 1-1)除鸭棚外,还配有鸭滩(陆上运动场)、水围(水上运动场)两个场所。

图 1-1　传统鸭舍

棚养鸭舍具有建造成本低和技术要求低的特点,结构简单,是养鸭业初期发展阶段最常见的养殖模式。但也存在一些问题,如鸭体长期直接接触粪便,增加与粪便中各种病原的接触机会,易感染病菌;同时对周边环境,尤其对水资源造成较大的污染。由于传统水养模式的局限性,"鸭舍+陆上运动场"的离水旱养模式越来越受到重视。

2.固定式鸭舍

雏鸭可以采用地面平养、网上饲养和笼养的饲养方式。育雏鸭舍要求采光充分,保温、通风换气效果良好。雏鸭舍一般屋顶最好有隔热层,墙壁要厚实保温,室内要安装供温设备。育成鸭多采用网上饲养和地面平养方式,也可笼养。育成鸭舍与育雏鸭舍类似,但育成鸭阶段一般不需要另外供温,对鸭舍的需求条件相对较低,应保证良好的通风换气和排水清粪。种鸭大多采用地面平养,对鸭舍的采光通风、保温性能要求也较高,舍内要有产蛋设施,地面加铺垫料并保持干燥。部分鸭场的鸭舍外还设置运动场和洗浴池,便于种鸭洗澡和交配。下面介绍几种常见饲养模式的鸭舍。

(1)地面平养鸭舍(图 1-2)。地面平养一般采用半开放式鸭舍,舍内结构及设备简单,地面可铺稻壳、麦秸、锯末木屑等垫料。育雏舍内可分隔为若干单独的育雏小间,面积可根据需要调整,需配有供温设备。鸭舍南北墙两侧可设上下两排窗,用于采光、通风,下排窗还可供鸭群出入于

图 1-2　地面平养鸭舍

运动场。鸭舍南侧墙外可设运动场和水浴池,运动场一般为水泥地面,方便冲洗,水槽设在运动场上。洗浴池通常设置为长方形的纵向洗浴水沟,深度约为 40 厘米,水深大于 30 厘米。鸭舍也可不设户外陆上和水上运动场,但要有饮水岛并设有充足的饮水器和良好的排水系统。饮水岛的高度一般高出地平面 20 厘米,宽度约为 1.2 米。为防止鸭子嬉水时弄湿垫料,可加建 40~60 厘米的隔墙,并设置排水沟。日常应保持卫生清洁,及时清理鸭粪。

(2)网上平养鸭舍(图 1-3)。网上平养是现阶段我国肉鸭和雏鸭养殖中广泛应用的一种养殖方式。网上平养需在地面上建造一个高度 50~80 厘米的架床。铺上塑料平网,也可用金属网或漏缝的竹木条地板,鸭可在网上安全活动,排泄物通过网眼或漏缝漏到地面上,再通过人工或刮粪机收集清理。塑料平网的网眼直径为 1.0~2.0 厘米,雏鸭的网眼要小些,既能保证粪便顺利漏出,又能支撑鸭掌,自由活动。一般将鸭舍纵向分两个大栏,中间通道约为 1 米,通道两侧用塑料平网扎起高 45~50 厘米的网壁,防止鸭子从网床上掉到地面。每个大栏可用塑料网隔成几个小栏,隔

图 1-3 网上平养鸭舍

网高度同样在 45~50 厘米。为了减少人工投入，可在栋舍内安装自动喂料和饮水系统。

网上平养可节省清洁卫生的时间，减少鸭体与粪污的接触，有利于鸭的健康饲养管理。但群进群出时需刷网清理消毒，避免既往存在的病原体影响下一批鸭的健康。需注意大量的粪污和冲刷污水可能会对周边环境造成污染。

（3）发酵床养殖鸭舍（图 1-4）。发酵床养鸭是一种新的养殖方法，是在地面平养或网上养殖的基础上结合发酵床技术的养殖模式，可有效改善传统养鸭鸭粪难处理、污染大的缺点，饲养管理也比之前更加方便。发酵床依据建造方式的不同分为 3 类：地上式、地下式和半地上式。地势高、排水好的地方可采用地下式，地势较低的地方可采用地上式或半地上式。

地上式发酵床是将发酵床菌种按一定比例混合添加到秸秆、花生壳、稻壳、锯木屑等后，覆膜发酵 3~7 天，可制成发酵床垫料。垫料总厚度一般在 40 厘米左右，根据鸭子排泄量的多少定期翻耙并添加少量菌种，以保持垫料的活性；垫料颜色发暗，降解作用变差，即可更换。

图 1-4　发酵床养殖鸭舍

地下式发酵床依据地上式发酵床厚度需下挖约40厘米,使铺上垫料后与地面齐平。为防止床底部泥土坍塌,四周应用砖块、木板或其他材料砌挡土墙,底部为自然土层。半地下式发酵床可下挖25厘米左右,再利用相应材料砌挡土墙,垫料层厚度保持在40厘米左右。

(4)笼养鸭舍(图1-5)。笼养鸭具有节约土地、减轻劳动强度、节约粮食等优点。目前,采用笼养的鸭主要为肉鸭和雏鸭,蛋鸭也可笼养。笼组的布局多采用中间二排或南北各一排,两边或当中留通道。料槽和水槽设置在栅栏前方,也可安装自动饮水器。笼具可根据舍内空间而定,可采用层叠式或半阶梯式金属笼饲养,也可采用竹、木制作的简易单层或双层笼。在上、下两层网笼之间安装接粪板,接粪板要离上层笼底20厘米,以便于清粪。笼养能更好地利用房舍和设备,但投资较大。

图1-5 笼养鸭舍

▶ 第四节 饲养设备

饲养设备主要指舍内外的养殖设备,包括饮水、喂料、照明、保温、通

风、给水排水、粪便及污水处理、消毒等方面。

1.饮水设备

鸭场应选用与生产相配套的供水设施及饮水设备，生产和生活污水分开排放，并采用暗沟的形式。网上平养和地面平养的雏鸭可用塔式真空饮水器。成年鸭用饮水器或水槽，也可用塑料盆或铁盆，但需要在盆口加盖遮挡物，避免鸭饮水时，将其打翻或窜入盆中戏水。也可采用乳头式饮水器，既保证饮水卫生，又能有效地节约用水。

2.喂料设备

饲喂设备有传统的木制槽、塑料盆等专用的喂料用具，多用于平养。采用料槽、料盆或料桶喂料时，最好在下面放一层塑料布，用于接收鸭采食时抛甩出的饲料，便于打扫，也可节约饲料。笼养鸭多使用自动化喂料线，包括槽式转运链喂料系统、塞盘式喂料系统、绞簧盘式喂料系统等。

3.采暖、保温设备

鸭舍的采暖设备和用具主要包括燃煤热风炉、燃气热风炉和电热育雏伞等。为了冬季的保温和夏季的隔热，可在鸭舍的棚顶覆盖一层薄膜、泡沫隔热层或遮阳网等，并配备摇膜装置，便于根据需要随时调节舍内温度和湿度。

4.集蛋装置

在蛋鸭和种鸭的饲养中，产蛋箱是必要的设备之一。集蛋装置包括常规式的产蛋箱，这种装置需要人工集蛋，还有机械式产蛋箱，即自动集蛋设备。

5.进水、排水系统

鸭场的进水及排水系统在鸭舍建设时应合理设计，两者需要完全分开，一般分别位于鸭舍的两端，进水系统应避开污道、靠近净道，排水系统则要远离净道、靠近污道。鸭舍所有排出的污水经一个排水管道后，再集中进入污水处理系统。

6.无害化处理设备

为避免鸭场及周边空气、土壤和水源环境等受到污染,鸭场必须对病死的动物及被病原污染的物品等进行无害化处理。养殖场需配备无害化处理设备,如尸体焚烧炉、高温生物降解处理池等,其与鸭场生产区的距离要大于 100 米。

7.污水处理系统

规模化养鸭会产生大量污水,如果直接排放到河流、湖泊、池塘等水体,会造成严重的环境污染,对鸭场的防疫也存在一定的隐患。经污水处理系统处理过的污水可用于灌溉,废渣还可作为肥料用于农田。

8.网络监控

现代化的鸭养殖场还可设置网络监控设备,实时监测鸭舍中鸭群的生长发育、饲养管理、健康情况等有关信息。管理人员可通过网络监控快速地观察到鸭养殖生产中的各个环节,一旦出现问题可及时采取应对措施,有效地提高了鸭场的生产效率。

9.其他设备

鸭舍内还要设有照明设备、通风机、卫生消毒装置、清粪板等设施。水桶、水围、蛋筐、竹笼和喷雾器等常用工具也需储备一定的数量。另外,应急设备也是必要设置,包括电源及线路设备故障和极端温度报警系统。

第二章

常见鸭品种介绍

鸭是人们经过长期驯化养殖的最重要的水禽。我国是世界上养鸭历史最悠久的国家之一,我国劳动人民在长期的生产生活中培育了各具特色的地方品种。根据经济用途来分,鸭品种通常可分为肉用型、蛋用型和肉蛋兼用型三大类。

▶ 第一节　肉用型品种介绍

肉用型是以产肉为主的鸭品种,具有体形大、生长速度快、饲养时间短等特点。著名的肉鸭品种主要有樱桃谷鸭、北京鸭、奥白星鸭、枫叶鸭、狄高鸭、天府肉鸭等,这些品种均是在我国的地方品种北京鸭的基础上经过精心选育或杂交培育而成的新品种。

一 樱桃谷鸭

1.产地分布

樱桃谷鸭(图 2-1)是由英国的樱桃谷公司引进的北京鸭和埃里斯博里鸭为亲本杂交培育而成的一个商业品种,是我国也是世界上养殖量最多的肉鸭品种,在 60 多个国家有饲养。为应对市场不同需求,该品种经过多年的培育已经形成了多个品系,其中白羽系有 L2、L3、M1、M2、S1 和 S2;杂色羽系有 CL3、CM1、CS1、CS3 和 CS4。我国在 20 世纪 80 年代初开始引进樱桃谷鸭种鸭，最早由广东东莞鸭场引进父母代，1993 年四川省绵阳市建立了祖代鸭场向全国销售父母代种鸭。目前在全国各地均有樱桃谷鸭祖代鸭场，主推产品为 Super M3(SM3)超级大型肉鸭。

图 2-1　樱桃谷鸭

2.体形外貌

樱桃谷鸭是以北京鸭为主要育种素材培育而来的，其体形外貌与北京鸭高度相似，全身羽毛为白色，头大额宽，鼻脊较高，喙、胫、蹼均为橙黄或橘红色。颈短而粗，背宽而长，翅膀强健，胸肌发达，腿短粗。

3.生产性能

樱桃谷鸭具有体形大、生长速度快、瘦肉率高、料肉比低等特点，而且经过不断的选育，其生产性能也在持续提高。成年公鸭体重可达 4.0~4.5 千克，母鸭 3.5~4.0 千克。白羽 L3 系商品鸭 47 日龄活重 3.09 千克，全净膛重 2.24 千克，料肉比 2.81:1。其父母代鸭可年产种蛋 210~220 个，年均产雏 168 只。近年来市场上主推的 SM3 系，其生产和繁殖性能都有了显著提高，种鸭开产周龄 26 周，蛋重 85~90 克，到 66 周龄时，平均每只母鸭

可产种蛋 220 个,孵化雏鸭 178 只。商品代 49 日龄活重 3.0~3.5 千克,料肉比(2.6~2.8):1,半净膛率 85.55%,全净膛率 72.55%,瘦肉率 26%~30%。

二 北京鸭

1.产地分布

北京鸭(图 2-2)原产地为北京西郊玉泉山一带,中心产区为北京市,现在在我国及世界各地均有分布,并被世界上主要的育种公司作为培育肉鸭新品系的主要素材,是蜚声全球的标准肉用鸭品种。北京鸭具有丰富的遗传基础,用途广泛,既可以用作父系向肉用型方向培育,又可以用作母系向产蛋方向培育。北京鸭具有羽毛纯白、生长迅速、肉质优良、繁殖力强、适应性广等特点。

图 2-2　北京鸭

2.体形外貌

北京鸭体形硕大而丰满,躯长而背宽,前部昂起,与地面呈 30°~40°角。颈粗短,背宽平,两翅紧贴。全身羽毛白色,喙扁平,呈橘黄色,喙豆呈粉红色。眼大而深凹,虹彩呈灰蓝色。皮肤呈白色,胫、蹼呈橘黄色或橘红色。母鸭开产后喙、胫和蹼颜色逐渐变浅,喙上出现黑色斑点。公鸭

尾部有3~4根卷起的性羽。母鸭腹部丰满,前躯仰角较大。雏鸭绒毛呈金黄色。

3.生产性能

北京鸭商品代根据其不同用途可分为烤制型和分割型。烤制型北京鸭具有皮脂率高的特点,适于烤制,是制作北京烤鸭的正宗原材料。喂鸭6周龄体重可达3.2千克,料重比2.2:1,屠宰全净膛率72.8%,皮脂率33.5%;填鸭42~45日龄出栏,体重3.2~3.5千克,填饲期料重比(4.0~4.5):1,全净膛率79.3%,皮脂率36.2%。分割型Z1系北京鸭3周龄体重达1 037克,料重比2.02:1,7周龄体重达2.9千克,料重比3.27:1;胸腿肌约占胴体的29.5%。北京鸭还具有良好的肥肝性能,可用来生产肥肝,填饲2~3周后肥肝重可达300~400克。

北京鸭具有较好的繁殖性能,父母代母鸭开产体重为3.25千克,年产蛋数可达200个,平均蛋重90克,蛋壳白色,种蛋受精率90%以上,受精蛋孵化率92%以上,每只母鸭年提供商品代鸭苗150只以上。种鸭第一次产蛋周期40周左右,之后产蛋量下降。为了恢复产蛋率,延长产蛋期,提高养殖效益,此时可采取强制换羽的方法,经过50天左右可进入第二次产蛋期。

三 枫叶鸭

1.产地分布

枫叶鸭又名美宝鸭,是由美国美宝公司培育的一种优良的肉鸭商业品种。枫叶鸭具有早期生长速度快、瘦肉率高、繁殖力强、抗热性能好、羽毛洁白多而密等特点。主要在山东、广东等地一些种鸭场引进养殖和推广。

2.体形外貌

枫叶鸭体形较大,体躯前宽后窄,呈倒三角形,体躯倾斜度小。背部宽平,公鸭头大颈粗,脚粗长,母鸭颈细长,脚细短;喙大部分为橙黄色,小部分为肉色,胫和蹼为橘红色。枫叶鸭成年鸭全身羽毛白色,雏鸭绒毛呈淡黄色。

3.生产性能

枫叶鸭父母代种鸭母鸭开产周龄为25~26周,高峰期产蛋率可达91%,40周平均产蛋210个,平均蛋重88克,蛋壳白色,每只母鸭可年提供商品代鸭苗160只以上。商品鸭49日龄平均体重3.25千克,料重比2.76:1,半净膛率84%,全净膛率76%,胸肌率9.1%,腿肌率15.2%。

（四）奥白星鸭

1.产地分布

奥白星鸭是由法国克里莫公司培育的肉鸭品种,又称奥白星超级肉用种鸭,国内也称雄峰肉鸭,主要在山东和四川等地饲养。该鸭性喜干爽,可在陆地上自然交配,适应旱地圈养或网上养殖。

2.体形外貌

奥白星鸭成年鸭外貌与北京鸭相似,头大,颈粗,胸宽,胫粗短,喙、胫、蹼均为橙黄色。成年鸭羽毛全白色,雏鸭绒毛金黄色。

3.生产性能

奥白星鸭具有体形大、生长快、早熟易肥、屠宰率高等特点。父母代种鸭开产周龄为25周,开产体重3千克,44周产蛋量220~240个,种蛋受精率93.5%。商品代6周龄体重3.3千克,料重比2.3:1。

五 丽佳鸭

1.产地分布

丽佳鸭是由丹麦丽佳公司育种中心培育的肉用鸭配套系,有L1、L2、L3 三个配套系。目前,在我国福建泉州等地区建有祖代、父母代种鸭场。

2.体形外貌

该鸭体形外貌与北京鸭相似,羽毛白色,体形因品系不同而有差异。

3.生产性能

该鸭具有生长速度快、耐热抗寒、适应性强的特点。L1 系体形大,7 周龄体重可达 3.7 千克;L2 系体形中等,7 周龄体重 3.3 千克;L3 系体形稍小,7 周龄体重 2.9 千克。各品系商品代生产性能指标见表2–1,父母代生产性能指标见表2–2。

表 2－1　丽佳鸭各品系商品代生产性能指标

系别	日龄	活重/千克	全净膛重/千克	料重比	死亡率/%
L1	49	3.70	2.63	2.75：1	2.5
	52	3.75	2.67	2.80：1	2.6
	56	3.80	2.70	2.85：1	2.7
L2	49	3.30	2.35	2.60：1	2.5
	52	3.35	2.38	2.70：1	2.6
	56	3.40	2.40	2.75：1	2.7
L3	49	2.90	2.04	2.42：1	2.5
	52	3.00	2.18	2.74：1	2.6
	56	3.10	2.35	2.85：1	2.7

表2-2　丽佳鸭父母代生产性能指标

系别	L1	L2	L3
母鸭开产体重/千克	2.90	2.70	2.15
公鸭与母鸭交配时体重/千克	3.80	3.20	3.20
入舍母鸭产蛋数(40周)/个	200	220	220
入舍母鸭合格种蛋数(40周)/个	190	210	200
每只入舍母鸭可提供1日龄雏鸭数/只	142	170	168
平均孵化率/%	80	85	84
育雏育成期死亡率(0～20周)/%	3.5	3.5	3.5
产蛋期每月死亡率/%	1.0	1.0	1.0

（六）天府肉鸭

1.产地分布

天府肉鸭(图2-3)是由四川农业大学利用当地的四川麻鸭与建昌鸭等品种经过多个世代杂交选育而成的商品肉鸭配套系,分白羽配套系和麻羽配套系。1996年通过了四川省畜禽品种审定委员会的审定。该鸭具

图2-3　天府肉鸭

有生长速度快、饲料报酬率高、腿胸肉比率高、饲养周期短、适于集约化饲养等优点。天府肉鸭是制作烤鸭、板鸭等食品的上等原料。目前广泛分布于四川、重庆、云南等地。

2.体形外貌

天府肉鸭体形大而丰满，喙、胫、蹼呈橙黄色，母鸭随着产蛋日龄的增长其颜色会逐渐变淡，甚至出现黑斑。雏鸭绒毛呈黄色。

3.生产性能

天府肉鸭父母代种鸭开产日龄为180~190天（达5%产蛋率），入舍母鸭年产蛋数220~240个，蛋重95~90克，受精率可达90%以上，受精蛋孵化率为84%~88%，每只母鸭可提供雏鸭170~180只。父母代成年公鸭体重为3.2~3.3千克，母鸭体重为2.8~2.9千克。

商品代肉鸭28日龄活重为1.60~1.86千克，料重比(1.8~2.0):1；35日龄活重为2.20~2.37千克，料重比为(2.2~2.5):1；49日龄活重为3.00~3.20千克，料重比为(2.7~2.9):1。

第二节　蛋用型品种介绍

蛋用型品种是以生产商品食用蛋为主要用途，多为我国地方鸭品种鸭，如著名的绍兴鸭、金定鸭、攸县麻鸭等。此外，还有引进国外的优良蛋用品种，如咔叽·康贝尔鸭等；以及近年国内培育的蛋鸭新品系，如江南Ⅰ号、江南Ⅱ号等。

一 绍兴鸭

1.产地分布

绍兴鸭（图2-4）又称绍兴麻鸭、绍鸭，原产地为浙江省绍兴市，中心

产区为绍兴、上虞、诸暨、萧山、余姚等地。绍兴鸭具有产蛋多、成熟早、体形小、适应性强、耗料少等优点,而且既能在稻田、江河、湖泊放牧,又适应集约化饲养,广泛分布于浙江、上海、江苏、山东、安徽、河北、天津、辽宁、黑龙江等地。

图 2-4　绍兴鸭

2.体形外貌

绍兴鸭体形小巧,体躯狭长,嘴长,颈细,背平直。腹大,腹部丰满、下垂,站立或行走时躯体向前昂展,与地面呈 45°角。据《家禽志》记载,绍兴鸭根据毛色不同,可分为红毛绿翼梢系、带圈白翼梢系、白羽系,各系公母鸭羽毛特点各异。

（1）红毛绿翼梢系。公鸭喙呈黄色,略带青色;羽色以麻栗色居多,胸腹部羽色较浅,头部、颈上部、镜羽、尾羽和性羽均呈墨绿色、有光泽;虹彩呈褐色,皮肤呈淡黄色,胫、蹼呈橘黄色。母鸭全身以棕红色雀斑羽为主,胸腹部羽毛呈棕黄色、有光泽;喙呈灰黄色,喙豆呈黑色;虹彩呈褐色,皮肤呈淡黄色,胫、蹼呈橘黄色。雏鸭绒毛呈暗黄色,有黑头星、黑背线、黑尾巴。

(2)带圈白翼梢系。公鸭羽色多呈淡麻栗色,头、颈上部及尾部均呈墨绿色,富有光泽,并有少量镜羽;喙、胫、蹼呈橘黄色。母鸭以麻雀毛为主,颈中间有长短不一的白色羽毛圈,主翼羽和腹、臀部羽毛呈白色,称为"三白";虹彩呈蓝灰色,皮肤呈浅黄色,喙、胫、蹼呈橘黄色。雏鸭绒毛呈淡黄色。

(3)白羽系。公鸭全身羽毛以白色为主,颈中间有长短不一的灰白色羽圈,头部羽毛呈灰白色;喙、胫、蹼呈橘红色。母鸭全身羽毛为白色;喙、胫、蹼呈橘红色。雏鸭绒毛呈淡黄色。

3.生产性能

绍兴鸭成熟较早,通常开产日龄在135~142天,170日龄左右即可达到产蛋高峰,高峰期产蛋率可达95%以上,且高峰产蛋期持续时间较长。500日龄总产蛋数在280~310个,平均蛋重63~68克,总蛋重达18~19千克。300日龄后蛋重逐渐增加,在67~79克。产蛋期料蛋比为(2.8~3.0):1,产蛋期成活率95%。蛋壳光泽而厚实,多以白色为主,青绿色次之,无斑点。不同系的绍兴鸭母鸭其产蛋性能略有差异。种鸭自由交配时公母比例要随季节不同作出增减,夏秋公母比例为1:20,冬春季为1:16。种蛋受精率90%以上,受精蛋孵化率80%以上。绍兴鸭公鸭性成熟较母鸭晚20~30天,6月龄以后种鸭所产种蛋方可留作种用。绍兴鸭无就巢性,全部采用人工孵化。母鸭一般利用2年,公鸭一般利用1年。绍兴鸭初生体重36~40克,1~2月龄生长速度最快,70日龄后生长减慢,成年体重1.35~1.50千克,公母鸭体重无明显差异。

二 金定鸭

1.产地分布

金定鸭是我国地方小型蛋用麻鸭品种,原产地为福建省龙海市紫泥镇金定村,故名金定鸭。主要分布于福建省厦门市郊区和同安、南安、晋江、惠安、石狮、云霄、诏安等县(市),在河北、山东、辽宁等省也有较大养殖量。

2.体形外貌

金定鸭皮肤呈白色,虹彩呈褐色,胫、蹼呈橘红色,爪呈黑色。公鸭头大、颈粗,胸宽、背阔、腹平,身体略呈长方形;腿粗大、有力,喙呈黄绿色;头颈上部羽毛为深孔雀绿色、具有金属光泽,腹羽及臀羽呈灰白色,主翼羽呈黑褐色,副翼羽有紫蓝色的镜羽,主尾羽呈黑褐色,性羽3~4根。母鸭身体窄长,腹部深厚钝圆,身躯丰满;羽毛为赤麻色,主翼羽有黑褐色斑块,副翼羽有紫蓝色的镜羽,头顶部、眼前部羽毛有明显的黑褐色斑块,羽缘为棕黄色;喙呈古铜色。雏鸭绒毛呈黑橄榄色,有光泽。

3.生产性能

金定鸭公鸭成年体重 1.65~1.85 千克,母鸭体重 1.7~1.8 千克。开产日龄 100~120 天,开产体重约 1.6 千克,500 日龄产蛋量 260~300 个,蛋重72~75 克,蛋壳青色。种蛋受精率 89%~96%,受精蛋孵化率 85%~92%。公鸭利用年限 1 年,母鸭利用年限 2 年。

三 攸县麻鸭

1.产地分布

攸县麻鸭是我国地方小型蛋用麻鸭品种,原产地为湖南省攸县境内的洣水和沙河流域一带,中心产区为攸县的网岭、丫江桥、鸭塘铺、大同桥、新市、石羊塘、上云桥等乡镇,临近的醴陵、茶陵、安仁、衡东等市(县)均有分布。该品种具有体形小巧灵活,成熟早,产蛋多,适于稻田、水面放牧等特点,在重庆、江西、河南、广东、广西、贵州、湖北等地也有饲养。

2.体形外貌

攸县麻鸭体形狭长,呈船形,结构匀称,颈细短,羽毛紧密,喙豆黑色。虹彩呈浅褐色,皮肤白色,胫、蹼呈橘黄色,爪呈黑色。公鸭喙呈青绿色,头颈上部羽毛呈翠绿色、有光泽,颈中下部有一圈白环,胫下部和前胸羽毛呈赤褐色;翼羽呈灰褐色,腹羽呈黄白色,胫羽、尾羽和性羽均为墨绿色。母鸭喙呈黄色,全身羽毛呈黄褐色,有黑色斑块,镜羽呈墨绿色。雏鸭绒毛呈黄色。

3.生产性能

攸县麻鸭初生重 38~39 克,1 月龄平均体重 48.5 克,3 月龄公鸭重 1 120 克,母鸭重 1 180 克,成年公母鸭体重相差不大,均为 1.2~1.3 千克。开产日龄为 100~110 天,早的可在 85~90 日龄开产,公鸭性成熟日龄为 100 天左右,公母配种比例为 1:25,种蛋受精率约为 94.8%,受精蛋孵化率约为 82.7%。散养放牧条件下每只母鸭可年产蛋 200~250 个,总蛋重 10~13 千克,圈养时产蛋量提高,在 13~15 千克。产蛋高峰期在春秋两季,可占全年产蛋量的 83.5%,平均蛋重 58~62 克,饲料报酬为 2.7:1。蛋壳颜色以白色为主,可达 90% 以上,少量青壳蛋。

（四）荆江麻鸭

1.产地分布

荆江麻鸭是我国长江中游地区广泛分布的蛋用型地方鸭品种,因其主产于荆州长江两岸而得名。荆江麻鸭原产地和中心产区为湖北省荆江市的江陵、监利等县(市)及仙桃市,毗邻的洪湖、石首、公安、潜江等地亦

有分布。湖北省农业科学院畜牧兽医研究所在荆江麻鸭的基础上选育的荆江蛋鸭新品系及其配套系提高了生产性能和用途,同时由于其产蛋量高,抗应激能力强,受到蛋鸭养殖户的欢迎,是湖北及其周边的湖南、江西、河南等省份选择蛋鸭养殖的首选品种之一。

2.体形外貌

荆江麻鸭体小结实,全身羽毛紧密。头清秀,颈细长而灵活,体躯稍长,肩部较窄,背平直向后倾斜并逐渐变宽,腹部深落。喙呈石青色,喙豆呈黄色。皮肤淡黄色,胫、蹼呈橘黄色。公鸭头、颈部羽毛为翠绿色,有光泽,颈中部常有一圈白毛,颈下部至背腰部为深褐色,尾部淡灰色,有 2~3 根性羽。母鸭头、颈部羽毛灰黄色,眼上方有一条长眉状白毛,背腰部羽毛多为黄色,有黑斑。雏鸭绒毛呈黄色。

3.生产性能

荆江麻鸭初生重 39~40 克,1 月龄平均体重 48.5 克,3 月龄公鸭体重 1 120 克,母鸭体重 1 040 克,成年公鸭体重 1.39 千克,母鸭稍重。平均开产日龄 100 天左右,2~3 年鸭达到产蛋高峰,可利用 5 年左右。平均年产蛋量 215 个,产蛋率 58%,春秋季产蛋率可达 90%。蛋壳以白色居多,约占 76%,平均蛋重 63.5 克;青壳蛋约占 24%,平均蛋重 60.6 克。种鸭适宜的公母比例为 1:(20~25),种蛋受精率为 93.1%左右,受精蛋孵化率为 95% 左右。公母鸭半净膛屠宰率分别为 79.9%和 75.9%,全净膛屠宰率分别为 66.8%和 62.1%。

（五）连城白鸭

1.产地分布

连城白鸭也称白鹜鸭、黑嘴鸭,原产地为福建省连城县,中心产区为莲峰、文亨、北团、四堡、塘前等乡镇,在浙江、江苏、四川等省也有分布。

连城白鸭是我国麻鸭中独具特色的小型白色变种,据《连城县志》记载,具有独特的白羽、乌嘴、黑脚的外貌特征,同时具有一定的药用价值和绒用价值。

2.体形外貌

连城白鸭公母鸭外貌极为相似,体形狭长、紧凑,头小,颈细长,胸窄浅,腰平直,腹部钝圆略下垂。全身羽毛洁白而紧贴,公鸭有 2~4 根性羽。喙宽,前端稍扁平,呈黑色,部分公鸭喙呈青绿色。眼圆而大,外突。皮肤白色,胫、蹼均呈黑褐色,爪呈黑色。因其全身白羽与黑色的头和胫、爪形成鲜明对比,当地又称连城白鸭为"黑丫头"。

3.生产性能

连城白鸭初生重为 40~44 克,1 月龄体重为 250~300 克,3 月龄体重在 1 300~1 500 克,成年公鸭体重 1.4~1.5 千克,母鸭体重 1.3~1.4 千克。母鸭开产日龄为 120~130 天,第一个产蛋年产蛋量为 220~230 个,第二个产蛋年产蛋量在 250~280 个,第三个产蛋年产蛋量约为 230 个,平均蛋重为 63 克。蛋壳颜色以白色居多,也有少量青壳,蛋形指数 1.41。公母配种适宜比例为 1:(20~30),舍饲鸭群种蛋受精率 87.5%,受精蛋孵化率 90.8%;放牧鸭群种蛋受精率 92%,受精蛋孵化率 93%。由于其羽毛白色,其羽绒也可作为产品出售,每只成年母鸭年产羽毛(干重)65 克,其中羽绒重 19 克。

(六) 江南 Ⅰ 号和 Ⅱ 号

1.产地分布

江南 Ⅰ 号和 Ⅱ 号是由浙江省农业科学院畜牧兽医研究所培育成功的高产蛋鸭配套系,是在绍兴鸭的基础上经过多个世代杂交选择选育而成的。两系均具有产蛋率高、高峰期持续时间长、饲料利用率高、成熟早、适

应性强等特点。

2.体形外貌

江南Ⅰ号成年母鸭羽毛浅褐色,杂有不明显的黑色斑点;Ⅱ号成年母鸭羽毛深褐色,黑色斑点大而明显。

3.生产性能

江南Ⅰ号母鸭成熟体重平均为 1.67 千克,产蛋率达 5%的平均日龄为 118 天,产蛋率达 50%的平均日龄为 220 天,产蛋率 90%以上的产蛋高峰维持期为 120 天。500 日龄平均产蛋量为 307 个,总蛋重 21 千克。300 日龄平均蛋重 72 克,料蛋比 2.84:1,产蛋期成活率为 97.1%。

江南Ⅱ号母鸭成熟体重平均为 1.66 千克,产蛋率达 5%的平均日龄为 117 天,产蛋率达 50%的平均日龄为 146 天,产蛋率 90%以上的产蛋高峰维持期为 270 天。500 日龄平均产蛋量为 328 个,总蛋重 22 千克。300 日龄平均蛋重 70 克,料蛋比 2.76:1,产蛋期成活率为 99.3%。

七 咔叽·康贝尔鸭

1.产地分布

咔叽·康贝尔鸭简称康贝尔鸭,是我国自国外引入的蛋用型鸭品种。咔叽·康贝尔鸭原产于英国, 其采用浅黄色和白色的印度跑鸭为母本与法国的罗恩公鸭杂交,其后代母鸭再与绿头野鸭公鸭杂交选育而成的蛋鸭品种。有黑色康贝尔鸭、白色康贝尔鸭和黄褐色康贝尔鸭(咔叽·康贝尔鸭)三个品变种。国内引进的咔叽·康贝尔鸭主要从荷兰引进,现主要分布在江苏和福建等地。

2.体形外貌

咔叽·康贝尔鸭体形中等,体躯深长而结实,胸腹饱满。头部清秀,颈细长,眼大而明亮。背宽广、平直,两翼紧贴躯体。公鸭头、颈、翼、肩和尾部羽毛呈青铜色,其余羽毛呈深褐色;喙呈绿蓝色,胫、蹼呈橘红色。母鸭羽毛褐色,头、颈羽色较深,翼黄褐色,无镜羽;喙绿色或浅黑色,胫、蹼深褐色。雏鸭绒毛深褐色,长大后羽色变浅;喙、脚黑色。

3.生产性能

咔叽·康贝尔鸭成年公鸭体重 2.3~2.5 千克,母鸭体重 2.0~2.3 千克。开产日龄约为 135 天,少数 120 天即可见蛋。年均产蛋量为 280~300 个,平均蛋重约为 70 克,蛋壳白色。种鸭公母配种比例为 1:(15~20),种蛋受精率约为 85%。公鸭利用年限 1 年,母鸭第一年产蛋性能较好,第二年产蛋性能明显下降。

▶ 第三节　肉蛋兼用型品种介绍

肉蛋兼用型品种多为地方麻鸭型品种,适应性好,耐粗饲,肉质与蛋质俱佳,颇受国内外市场青睐,有较好的经济价值。

一 高邮鸭

1.产地分布

高邮鸭俗称高邮麻鸭,是我国著名的肉蛋兼用型麻鸭。其原产地及中心产区为江苏省高邮市,主要分布于周边的兴化、宝应、建湖、金湖等市(县)。高邮鸭善潜水,觅食力强,耐粗饲,适应性广,蛋个头大、品质好,且以产双黄蛋著称。其与绍兴鸭、金定鸭并称为我国三大蛋鸭品种。

2.体形外貌

高邮鸭体形较大,体躯呈长方形。喙豆呈黑色,虹彩呈褐色,皮肤呈白色或浅黄色。公鸭肩宽背阔,胸深躯长;喙呈青色略带微黄;头和颈上部羽毛呈深孔雀绿色,背、腰部羽毛呈棕黑色,腹部羽毛呈灰白色,翅内侧

为芦花羽,镜羽呈紫蓝色,尾羽呈黑色,性羽呈墨绿色并向上卷曲;胫、蹼呈橘黄色。母鸭颈细身长;喙呈青灰色或微黄色,少数呈橘黄色;全身羽毛为浅麻色,花纹细小,镜羽呈蓝绿色;胫、蹼多呈灰褐色。雏鸭绒毛呈黄色,具黑头星、黑线脊、黑尾。

3.生产性能

高邮鸭初生重45~55克,成年公鸭体重2.35千克左右,母鸭体重2.65千克左右。放牧条件下70日龄体重可达1.5千克,舍饲鸭60日龄可达2.3千克;半净膛率80%以上,全净膛率70%以上。开产日龄170~190天(达5%产蛋率),500日龄产蛋数为190~200个,平均蛋重84克,蛋壳多为白色,少数为青色。公母配比适宜比例为1:(20~30),放牧条件下种蛋受精率为90%~93%,舍饲条件下种蛋受精率为86%~90%,母鸭无就巢性。

二 巢湖鸭

1.产地分布

巢湖鸭(图2-5)是肉蛋兼用型地方麻鸭品种,原产地为安徽省中部巢湖周边的庐江县及无为、居巢、肥东、肥西等地,广泛分布于整个巢湖流域和长江中下游地区。该鸭种以觅食力强、善潜水、适放牧而著称,是制作无为熏鸭和南京板鸭的良好材料,鸭蛋可用于腌制咸鸭蛋和皮蛋。

2.体形外貌

巢湖鸭体形中等,羽毛紧密而有光泽,颈细长,喙豆呈黑色。虹彩呈褐色,皮肤呈白色,胫、蹼呈橘红色,爪黑色。公鸭喙呈橘黄色,头、颈上部羽毛呈墨绿色,有光泽,颈下部、前胸和背腰部羽毛灰褐色,点缀有黑色条斑,腹部白色,尾羽黑色。母鸭喙呈青绿色或黄褐色,颈羽麻黄色,体羽浅褐色,有黑色细条纹,镜羽蓝绿色。雏鸭绒毛呈黄色。

图 2-5　巢湖鸭

3.生产性能

巢湖鸭初生重约 49 克,肉用仔鸭 70 日龄活重 1.5 千克,90 日龄活重 2.0 千克。公鸭成年体重为 2.1~2.7 千克,母鸭体重为 1.9~2.4 千克。半净膛率为 83.0%~84.5%,全净膛率为 72.6%~73.4%。母鸭开产日龄为 150~180 天,年产蛋量 160~180 个,平均蛋重约为 70 克,蛋壳颜色以白色居多,约占 87%,青色约占 13%。公母配比适宜比例为 1:(15~20),种蛋受精率为 92%~95%,受精蛋孵化率为 90%~93%,母鸭无就巢性。

三　建昌鸭

1.产地分布

建昌鸭肉用性能优良,以生产大肥肝著称,是以肉用为主、肉蛋兼用型麻鸭,素有"大肝鸭"的美称。其原产地为四川省凉山彝族自治州境内的西昌市及德昌县,西昌古称建昌,因而得名。建昌鸭历史悠久,具有生长快、成熟早、体格大、体质强健、易肥育、产肉率高、肉质好等优点。

2.体形外貌

建昌鸭体形较大,形似平底船,羽毛丰满,尾羽呈三角形向上翘起。头大、颈粗,喙宽,喙豆呈黑色。胫、蹼呈橘黄色,爪呈黑色。公鸭喙呈草黄色,头、颈上部羽毛呈翠绿色,有光泽,颈部下 1/3 处有一白色颈圈,尾羽、性羽黑色。前胸及鞍羽呈红棕色,腹羽呈银灰色,故有"绿头、红胸、银肚、青嘴公"之称。母鸭喙橘黄色,羽毛以麻黄色居多,褐麻和黑白花次之。

3.生产性能

建昌鸭初生重约为37.4克,1月龄体重可达303克,3月龄体重可达1 656克,成年公鸭体重2.5~2.8千克,母鸭体重2.2~2.5千克。经21天填肥后其肝重在350~400克。建昌鸭母鸭开产日龄为180天左右,年产蛋数140~150个,平均蛋重75克,蛋壳颜色以青色居多,白色次之。公母配比适宜比例为1:(20~30),种蛋受精率为92%~94%,受精蛋孵化率为94%~96%,母鸭无就巢性。

（四）四川麻鸭

1.产地分布

四川麻鸭是体形较小的肉蛋兼用型地方品种,中心产区为四川盆地及盆周丘陵区,广泛分布于四川省绵阳、温江、乐山、宜宾、内江、万县、达县等四川省水稻产区。具有早熟性、放牧能力强、胸腿肌比例高等特点。

2.体形外貌

四川麻鸭体形较小,体质紧凑,羽毛紧密,颈细长,胸部发达而突出,喙呈黄色,喙豆黑色,胫、蹼呈橘黄色,皮肤呈白色。公鸭按毛色可分为两种:一种称为青头公鸭,其头、颈部上端羽毛呈翠绿色,腹部羽毛呈白色,前胸羽毛呈红棕色;另一种称为沙头公鸭,其头、颈部上端羽毛为黑白相间的青色,不带翠绿色光泽。母鸭羽毛以麻褐色居多,少数为浅麻羽。雏

鸭绒毛呈黑灰色。

3.生产性能

四川麻鸭初生重平均为 40 克，成年公鸭体重 1.68 千克，母鸭体重 1.87 千克。母鸭平均开产日龄为 150 天左右,年产蛋数 120~150 个,平均蛋重约为 72 克,蛋壳颜色以白色为主,少量青色。公母配比适宜比例 1:10,种蛋受精率为 90%,受精蛋孵化率为 85%。

| 第三章 | 鸭的饲养技术 |

我国是世界上鸭养殖量最大的国家。随着现代养殖业的发展，鸭的饲养也从传统小农户养殖逐渐过渡到规模化养殖，并形成了较为完善的饲养技术。鸭的饲养管理贯穿鸭的整个饲养阶段，科学的饲养技术是鸭健康养殖的保证，也与养鸭的经济效益密切相关。本章总结现有的鸭饲养技术，结合规模化养殖特点，对肉鸭、蛋鸭和种鸭的各个饲养时期的关键饲养技术进行简要介绍。

▶ 第一节　肉鸭的饲养技术

一　肉雏鸭的饲养技术

1~21 日龄为雏鸭阶段，此阶段雏鸭的生长发育快，饲料转化率高，体重迅速增加。雏鸭阶段，由于小鸭生理功能尚未发育完全，对外界环境的适应性差，机体的抵抗力弱，抗病力能力差；育雏的成功与否直接影响肉鸭后期的生长速度，因此该阶段的饲养管理要求更高，各项管理措施也更加精细。想要养好雏鸭，以下各项工作必须落到实处。

1.育雏的准备工作

（1）育雏舍准备与消毒。进雏前应做好育雏室的检修工作，修补门窗、屋面、墙壁裂缝以及封堵鼠洞等，检修控温和通风设备，保证设备运行正常。彻底打扫育雏舍后,用高压水枪冲洗育雏舍地面、墙壁和笼具;待育雏舍晾干后用高效消毒液进行彻底消毒。如采用网架方式育雏,应仔细检查网架是否存在缝隙和破损,如采用地面垫料育雏应提前准备好新鲜干燥的垫料。在进雏前2天对育雏舍再进行一次全面消毒。(图3-1)

图3-1 雏鸭育雏网床冲洗消毒

(2)育雏用具的准备。准备好足够的料筒和水壶,采用3%的漂白粉浸泡消毒12小时后,用清水冲洗,晾干备用。对育雏舍外硬化的地面冲洗后采用5%的烧碱溶液进行喷洒消毒,未硬化的场地应除去杂草、杂物和粪污后铺洒生石灰进行消毒。

(3)饲料和饮水的准备。进雏鸭前准备好温开水,并在饮水中加入多种维生素葡萄糖保证雏鸭可以及时饮水,缓解运输的应激。应保证雏鸭进入育雏舍后能够吃到准备好的饲料,在整个育雏期间要保持饲料质量的稳定,不能随意换料。

(4)育雏舍预温。在进雏前一天将育雏舍温度预热至30~32℃,并确保温度稳定。育雏舍内应在雏鸭活动的水平位置放置温度计,实时观察温度变化。

2.育雏方式

肉雏鸭常用的育雏方式有地面垫料育雏、网架育雏和笼具育雏,应根

据养鸭场的实际情况选择相应的育雏形式。

(1)地面垫料育雏。育雏舍地面宜进行硬化,如为土质地面,地势应当高,应在地面上铺上一层生石灰防止返潮。应在育雏舍四周挖掘排水沟,防止雨水灌入育雏舍。在育雏前应将清洁干净的垫料铺在育雏舍内,垫料应选用柔软、吸水性强、灰尘少的材料,常用的有稻壳、锯木屑、稻草、碎玉米轴等。

初次使用垫料厚度不低于 6 厘米,以后在垫料潮湿时可在局部或全部添加垫料,直至垫料厚度达 20 厘米。在饮水和采食区不垫料。冬季在更换垫料时要防止雏鸭感冒。育雏舍建议使用乳头式饮水器,防止雏鸭进入饮水桶弄湿羽毛造成鸭只受凉及导致育雏室地面潮湿。

(2)网架育雏。网架育雏(图 3-2)是利用金属网、塑料网或竹木栅条的网床替代地面,一般距离地面 50~80 厘米。各种网床的空隙宽度在 1.0~2.0 厘米,将雏鸭饲养在网上,粪便由网眼或栅条的缝隙落到地面上。

这种方式雏鸭不与粪便接触,环境卫生好,感染疾病的概率减少。网架育雏的饲养密度可高于地面垫料育雏,在 1~2 周龄,每平方米可育雏 20~25 只,2~3 周龄时 10~15 只,提高了劳动生产率,节省垫料,但相比地面垫料育雏,一次性投资较大。

图 3-2 网架育雏

（3）混合育雏。上述两种育雏方式可以单独采用,也可将地面垫料育雏和网架育雏结合起来,组成混合式育雏。该方式是将育雏舍地面分为两个区域:一部分为采食和饮水区,设置高出地面的高架网床;另一部分为雏鸭活动和休息区,地面铺垫料。采用水泥地面将两部分连接,该育雏方式可保持舍内的垫料干燥。

（4）笼具育雏。笼具育雏一般采用类似于雏鸡育雏的笼具,其结构多为预制的铁丝笼,也可以采用竹制或木制的笼具。目前,育雏笼厂家推出的多为层叠式笼具(3~4层),也可采用类似于青年鸡培育的阶梯式笼具,但由于鸭的生活习性不同,没有鸡的饲养效果好。笼具育雏可以充分利用鸭舍空间,环境条件易于控制,生产中有利于提高肉鸭的生产性能,但笼具的投入成本较高,更适用于规模化育雏。

3.雏鸭苗的选购与运输

雏鸭质量的优劣直接关系到雏鸭后期的饲养效率和生产性能的高低,因此,在采购雏鸭时需要加以选择。选择品质好的雏鸭苗必须考虑种鸭的质量与饲养条件、种蛋的孵化条件以及雏苗本身的情况。

（1）选择可靠的种鸭场和孵化场。在购买鸭苗前,最好实地调研种鸭场的生产情况。饲养商品肉鸭,必须到父母代肉种鸭场购买鸭苗。供种的种鸭场要有县级以上畜牧行政部门颁发的种畜禽生产经营许可证和畜禽场卫生防疫合格证。除此之外,种鸭场需要有规范的良种繁育体系和严格的制种要求。

种鸭的饲养管理条件与种蛋质量密切相关,种鸭饲养管理条件要好,如采用水陆结合饲养方式的种鸭场,水面水质清洁,陆上运动场清洁干净。

良好的孵化条件与雏苗的质量密切相关。第一,考察孵化场的规模,大型孵化场的孵化管理通常较好;第二,考察孵化场设施设备,拥有完备

的消毒设备和可靠的孵化设备,可以为种蛋孵化提供有力的保障;第三,考察孵化场的日常管理制度,如是否完全落实严格的清洗和消毒制度等。因此,最好到饲养管理好、孵化规模大、选育工作开展好、管理规范和市场信誉好的种鸭场进苗。

(2)选择优质的雏苗。观察雏苗是判断雏苗质量最直观的方法,合格的雏鸭苗应该出雏的时间一致,整体的均匀度好,看起来活泼健壮,眼睛灵活明亮、叫声洪亮,脐部干净、无出血或干硬痕迹,全身绒毛松散整齐、洁净无粪便和蛋壳等污物,鸭掌水润、无脱水现象,脚掌粗壮无损伤、站立有力。此外,还可通过出雏的时间是否一致来判断雏鸭的质量。

(3)雏鸭的运输。刚出生的雏鸭对外界不良环境的抵抗能力较弱,要尽量在雏鸭出壳后的 24 小时内运到育雏室,时间过长对雏鸭的生长发育有较大影响。在运输前,要留意运输沿线地区的天气预报,以免在运输过程中出现恶劣天气,给鸭苗运输带来不利影响。

应选择适宜的时间装运,夏季若温度高,可以在夜间、清晨或傍晚行车。冬春温度较低,可以在一天中气温较高的时间运输,并做好保暖工作。要专业的运输人员和车辆,配专用运输笼具。雏鸭到达后,应立即放入育雏室,使雏鸭可以充分休息,并在饮水中添加葡萄糖和多种维生素等缓解运输应激。

4.育雏期饲养管理

(1)温度管理。应做好预升温工作。育雏舍放入雏鸭的前一天需要做好预升温工作,使育雏舍温度达到 32 ℃,特别是在温度较低时,育雏舍升温速度相对较慢,养殖人员需要适当增加预升温时长。育雏温度随着雏鸭日龄的增加而逐渐下降,温度下降的快慢应视雏鸭的体质强弱和育雏季节而定,雏鸭强壮育雏温度下降快一些,反之则慢些。

育雏分为高温育雏、低温育雏和适温育雏三种方式,从目前整体的饲养效果看,推荐适温育雏,其优点是温度适宜,雏鸭生长发育快,均匀度好,体质健壮。在雏鸭进舍时的温度保持在32 ℃(冬季可稍高,夏季可稍低,幅度为1~2 ℃),育雏温度随日龄增加而逐渐下降,适温育雏的温度调控:第1~3天为27~30 ℃,第4~6天为24~27 ℃,第7~10天为21~24 ℃,第11~15天为18~21 ℃,第16~20天为16~18 ℃,第21天后为16 ℃左右为宜。

控温的注意事项:

①雏鸭在育雏的前几天抵御环境温度变化的能力较弱,因此在育雏的前期应加强对鸭舍温度的管理,防止鸭舍忽热忽冷从而造成应激。一般来说,1天中的温差不能大于3 ℃。

②如使用室内煤炉采暖,易造成育雏舍内一氧化碳或二氧化碳的浓度升高,因此采用室内煤炉加温的育雏舍要加强通风管理,防止雏鸭出现缺氧或中毒。

③育雏舍的通风换气同样重要,因此在加温的同时要兼顾通风换气,鸭舍通风的时间可安排在中午温度较高时,全封闭式鸭舍可短暂开启排风扇,棚架式育雏舍可将向南的通风窗打开一部分进行通风。通风前应先提高育雏舍温度2~3 ℃。通风的时间应根据季节而定,冬季通风时间短,夏季可根据舍内温度适当延长通风时间和次数。

④及时观察雏鸭群精神状态,温度过高时雏鸭表现张嘴呼吸、躁动不安、饮水量增加等;温度过低时则出现拥挤扎堆,严重时会因为挤压造成死亡(图3-3);温度适宜时雏鸭三五成群休息,精神状态和生长发育良好,体质健壮(图3-4)。

(2)湿度管理。育雏前期舍内温度高,水分蒸发快,会导致育雏舍的湿度较高。高温高湿的育雏环境不仅会阻碍雏鸭的正常散热,还会为各种病原微生物的滋生提供有利条件。湿度过低则可能造成雏鸭脚趾干瘪,

图 3-3　鸭舍温度偏低,鸭群聚集在一起

图 3-4　温度适宜,雏鸭三五成群

精神不振,易于引发呼吸道疾病。一般 1 周龄内,育雏舍的相对湿度需保持在 60%~70%,2 周龄起要维持在 50%~60%。

(3)饲养密度管理。饲养密度对于雏鸭的生长发育和卫生环境影响较大,密度过大,鸭舍容易产生有害气体,雏鸭拥挤,抢食抢水,不仅影响生长发育,也易造成疫病的传播;密度过小,温度不易掌握,鸭舍的利用率低,育雏成本高,经济效益下降。雏鸭的饲养密度应随着日龄的增长而逐渐减少,同时也要注意季节的变化,如冬季饲养密度可大些。表 3-1 所示为肉鸭不同周龄的饲养密度。

表 3-1　肉鸭不同周龄的饲养密度　　单位:只/平方米

饲养方式	0～1 周龄	1～2 周龄	2～3 周龄
地面平养	26～18	12～8	8～5
网上饲养	45～25	20～12	12～8

(4)光照管理。光照对鸭的采食、饮水、运动和繁殖等有重要作用,肉雏鸭的光照需要按科学的程序执行。根据育雏舍的类型,雏鸭第 1~3 天要保持 23~24 小时光照,使鸭群顺利开食;第 4 天后每天减少半小时,使鸭群逐渐适应熄灯的环境;最终保持每天 5 小时左右的熄灯时间,比如 23~24 时熄灯,在次日早晨 4~5 时开灯;光照强度每 20 平方米 15~30 瓦。灯泡分布要均匀,保证光照强度。

(5)日常饲养管理

①开食管理。雏鸭出壳以后应在 12~24 小时内放入育雏舍,可先让雏鸭饮水,前 3 天饮水最好采用温开水,并在饮水中添加多种维生素葡萄糖,供雏鸭自由饮水;饮水后 2 小时可让雏鸭开食。由于雏鸭的吸收和消化能力相对较差,在传统饲养方式中,进雏后的 1~2 天一般可喂食煮成半熟后的碎玉米、糙米等稍软的谷类。食盘和饮水桶要保证足够的数量,并分散放置。目前,已有很多饲料厂家生产肉雏鸭的全价配合饲料。雏鸭饲喂以少食多餐为宜,采用定时定量的饲喂方式。

②分群管理。雏鸭群如果过大,环境条件不易控制,饲养管理也不方便,易出现挤压死亡或惊群的情况。为提高育雏率,应将雏鸭进行分群管理,每群 300~500 只。第一次分群后,雏鸭在生长发育过程中一般会再次出现个体大小强弱的差异,因此通常在 8 日龄和 15 日龄时,结合密度调整,还要进行第二次和第三次分群。

③卫生消毒管理。饮水桶或水槽要每天清洗一次,特别是在饮水中添加多种维生素葡萄糖的情况下;料筒或料槽内不应堆置太多的饲料,防

止饲料受潮霉变;舍内应及时清粪或添加垫料,保持舍内清洁。每 3~5 天采用刺激性小的消毒药(如碘制剂)对育雏舍消毒 1 次。育雏舍进出口处应设置消毒池,对进出人员进行鞋底消毒;育雏舍周围环境要经常打扫,最好每周消毒 1 次。死淘雏鸭应进行焚烧或深埋处理。

④日常观察。每天注意观察鸭群吃料和饮水情况,如吃料量略增则为正常,如果出现吃料量减少则可能是鸭群出现了异常情况;注意观察雏鸭粪便是否正常,如出现黄绿稀粪、粪便带血等,说明鸭群存在健康问题,应及时排查原因;观察呼吸是否异常,是否有打呼噜、打喷嚏、甩鼻涕、肿眼肿脸的情况;观察鸭只行走是否正常,有无喜卧、瘫腿、关节肿大等情况。总之,善于日常观察有利于及时发现鸭群的异常情况,以便尽早采取应对措施。

二 肉仔鸭的饲养管理

4~7 周龄的鸭子称为仔鸭,仔鸭期鸭子生长发育迅速,对营养的需求高,食欲旺盛。该时期的特点是对外界环境的适应性较强,比较容易饲养管理。其饲养管理要点如下。

1.饲养方式

肉仔鸭的饲养方式应根据鸭舍的条件和饲养设施设备的状况进行科学的选择。目前,肉仔鸭的饲养方式以舍内地面平养和舍内网上饲养为主。地面垫料饲养的条件下,应尽量保持鸭舍内垫料清洁、干燥。如有运动场应定时开放,适当的运动有利于鸭群的健康。有的鸭场还有舍外水上运动场所,可定时让鸭群洗浴,以保持鸭体清洁。全程网上饲养或笼养仔鸭由于饲养密度大、活动场地受限,应做好鸭舍的卫生清洁和消毒工作,尽量减少病原微生物的侵害。

2.饲养条件

(1)舍内温度。仔鸭的饲养一般采用自然温度饲养法,鸭舍不用加温,但冬季和早春气温较低时,要通过加温的方式,使鸭舍温度达到 10 ℃以上。

(2)饲喂与饮水。根据仔鸭的消化情况,同时确保饲料供应的充足与新鲜,多采用自由采食或一昼夜饲喂 4 次的方法。该阶段仔鸭如采取舍养多采用水管供水,如使用水桶、水盆等供水应注意饮水的清洁。

(3)饲料的选择。饲料多采用全价日粮进行饲喂,在雏鸭 3~4 周龄时应将雏鸭料逐渐换成中仔鸭料,使鸭逐渐适应新的饲料。但必须注意饲料的过渡,不能突然换料,以减小由于饲料更换带来的应激。过渡期一般为 3 天,具体方法是第 1 天雏鸭料占 2/3,第 2 天雏鸭料占 1/2,第 3 天雏鸭料占 1/3,第 4 天完全用中仔鸭料。

(4)脱温后转舍。对于育雏和育成分离式的鸭舍,雏鸭脱温后可安排转舍。转舍需注意:①转群必须在鸭群空腹时进行;②转群的时间宜安排在夜间或清晨;③抓鸭和转运时尽量减少应激,在转舍的前后 2 天在饮水中加入多种维生素;④如从网床转至地面,地面垫料应松软,转舍初期鸭群活动的范围可适当小些,逐步适应后再扩大活动范围。

建议有条件的鸭场采用逐渐扩栏的方式饲养,在雏鸭阶段将鸭舍隔出一部分作为育雏区,随着鸭群的生长和脱温逐步扩大饲养面积,直至扩大到整栋育肥舍。对于生态养殖的肉鸭在转舍或扩栏适应后即可放入运动场。

3.日常管理

(1)饲养密度。地面垫料饲养,饲养密度(每平方米地面养鸭数)为 4 周龄 6~8 只,5 周龄 5~7 只,6~8 周龄 4~5 只。实际养殖过程中,具体还要视鸭群个体大小及季节而定。冬季密度可适当增加,夏季可适当减少。

（2）分群管理。按大小强弱将鸭群进行分群，尤其对体重较小、生长缓慢的仔鸭应分在一个群体，集中喂养，加强管理，使其生长发育可以迅速赶上平均的生产水平，从而保持鸭群的整体均匀度，不至于影响出栏和经济效益。

（3）卫生消毒。每周进行两次鸭舍和运动场地消毒，为避免产生耐药性，应选用2~3种消毒剂轮换使用，每次使用一种消毒剂。用喷雾器按消毒剂配比要求进行消毒，喷雾时喷嘴朝上，让消毒液呈雾状自然落下，喷嘴不可直接对着鸭子消毒。

（4）运动和洗浴。为促进新陈代谢与鸭体肌肉和羽毛的生长，有条件的鸭场可为肉仔鸭提供洗浴条件，每天定时洗浴，但时间不可过长，尤其是育肥后期，以免能量消耗过多，影响经济效益。近年来，肉仔鸭的饲养方式逐渐转变为全程旱养模式，以全舍养或在鸭舍外设置运动场为主，旱养不仅可以减少水面污染，还可以减少鸭群感染寄生虫等传染病的概率。另外，可在鸭只运动场设置几个沙砾盘，或在精料中加入一定比例的沙子，这样不仅有助于提高饲料转化率，还能增强消化功能，有助于增强鸭的体质和抗病能力。（图3-5）

图3-5　育成鸭运动和洗浴

（5）夏季饲喂的技术要点。夏季天气炎热，鸭群易造成热应激，导致采食下降、生长发育慢、死淘率增高。同时高温高湿会使粪便快速发酵，增加有害气体的含量。因此，夏季管理的重点就是防暑降温，尤其是防止高温高湿的情况发生。鸭舍设计要合理，鸭舍间间距要开阔，以利于通风换气。全舍养鸭舍应具备湿帘、负压风机、水冷机等降温设备。在鸭舍周围种植树木或藤蔓以利于鸭舍遮阳，也可通过搭盖遮阳网等进行遮阳降温。

夏季应针对性地调整日粮结构和喂料方法，供给充足的饮水。可在原来日粮营养水平的基础上，提高蛋白质含量，增加多种维生素的添加量，保证饲料新鲜，防止剩料发生霉变。应增加饲料的适口性，宜采用颗粒料。饲料应少喂勤添。每天饲喂 4~6 次，尽量安排在早晚凉爽时饲喂。可在饲料中适当添加抗应激添加剂，可有效减少高温应激的发生，如每千克日粮中添加维生素 C 50~200 毫克。另外，减少饲养密度，在同样的面积上要比其他季节减少 10%~15%。如鸭场具备水面运动场，可适当延长水上运动的时间，同时在岸边设置遮阳棚，以利于鸭只散热。

同时搞好环境卫生和消毒工作。及时清除粪便和潮湿垫料，减少生物发酵热的产生。加强消毒和防蝇灭蚊。（图 3-6）

图 3-6　鸭舍和运动场消毒

(6)冬季育肥鸭管理要点。冬季管理的关键是防寒保暖、正确通风、降低湿度和有害气体的含量。冬季管理要点如下:①加强鸭舍保温。可在鸭舍屋顶加盖保温材料(保温棉布、塑料膜等),用塑料膜封严窗户,防止贼风灌入,调整通风换气的次数和时间,在鸭舍温度过低时需要采取人工增温。如采用舍内煤炉保温,应经常检修加温炉和烟道,防止造成鸭群煤气中毒和失火。②防止鸭只体温散失。要经常更换或添加垫料,确保干燥,防止由于垫料潮湿增加鸭只的体热散发。③适量提高饲料能量水平,增加饲喂次数,减少鸭群空腹时间。

4.制订合理的饲喂计划与体重标准

首先根据肉鸭每个阶段的生长发育规律和营养需要以及不同体重的肉鸭采食量的不同要求来确定每天喂料量,也就是以群体为单位,根据每天实际数量及每只每天每次采食量来确定每群每天每次喂料计划。

在确定每周增重指标后根据各周实际的平均体重情况,使整个鸭群的生长尽量能达到各个生长阶段的标准,克服养鸭生产上的盲目性。通过一定喂料计划达到预期的体重标准。

▶ 第二节　蛋鸭的饲养技术

蛋鸭养殖行业的门槛较低,前期投入较小、见效快,而且近年来政府又出台了鼓励农村发展合作经济、加快构建新型农业经营体系的相关政策,使得蛋鸭养殖行业成了实现农民致富增收的又一途径。近年来,蛋鸭养殖已由过去传统的放牧饲养转向规模化固定舍饲,使养殖蛋鸭的经济效益显著提高,掌握蛋鸭的科学饲养管理技术是蛋鸭养殖成功的重要保证。

一 蛋用雏鸭的饲养技术

育雏是养鸭生产中的重要环节,必须重视雏鸭的培育。

1.蛋用雏鸭品种的选择

要选择生产性能好、体形适中、性早熟、生长发育迅速、料肉比低、产蛋量大、适应能力强、体质好且性格温顺的品种进行养殖,并且结合养殖条件和经济效益等综合考虑。

2.蛋用鸭的科学选雏

雏鸭品质好坏是雏鸭培育成败的先决条件。进苗前也应综合考察种鸭的质量与饲养条件、孵化厂条件和雏鸭本身的质量。供种的种鸭场要有县级以上畜牧兽医行政部门颁发的种畜禽生产经营许可证和动物防疫条件合格证。除此之外,种鸭场需要有规范的良种繁育体系和良好的饲养管理条件。应选择孵化条件和口碑良好的孵化场提供的雏苗。

蛋用型雏鸭出壳毛干后,初生体重一般为 40~42 克。健康的雏鸭群体大小均匀,颜色一致。个体对外界反应灵敏,活泼好动,眼大有神,叫声响亮,腹圆脐平,胫、蹼油润,绒毛稀密长短适度,有光泽,无杂物黏附。饲养商品蛋鸭,需要鉴别雌雄,选择母雏鸭,排除公雏鸭。

3.育雏的准备工作

育雏的准备工作与肉雏鸭类似。雏鸭阶段主要在育雏舍内饲养,所以在育雏之前应该对育雏舍、育雏设备等进行清洗和检修,目的是尽可能减少环境中的有害微生物,以保证舍内环境的适宜和稳定,应设置有效物理隔离措施,防止其他动物进入育雏舍。

4.育雏期饲养管理

(1)适宜的温度。温度是育雏成败的关键,1 周龄内育雏温度应控制在 28~32 ℃,2 周龄为 24~28 ℃,3 周龄为 21~24 ℃,4 周龄后为 16~20 ℃。

温度适宜,雏鸭则有规律地采食和饮水,吃饱后静卧休息;温度过低,则会拥挤扎堆;温度过高,雏鸭则远离热源,张嘴喘气,饮水增加。规模养鸭场一般可采用电热保温伞、加温炉等方式增温,以维持合适的育雏温度。育雏期控温的原则是保持育雏舍温度适宜和均衡,绝对不允许温度突然上升、下降或长期过高,特别是幼雏阶段。

（2）适宜的湿度。饲养环境湿度不宜过大,垫料必须清洁干燥。一般育雏室进雏后的前 10 天湿度应控制在 60%~65%,以后逐渐降低到 55%~60%。

（3）注意通风。雏鸭体温高、呼吸快,如育雏室通风不良,室内二氧化碳、氨气等就会很快增加,可引起雏鸭缺氧,尤其在室温较高、湿度较大的情况下,粪污分解产生的氨气和硫化氢等有害气体可导致多种呼吸道疾病。所以,育雏室要定时通风换气,保持室内空气新鲜。

（4）饲养密度。适宜的饲养密度有利于雏鸭生长和健康。1~7 日龄为每平方米饲养 20~25 只,8~14 日龄饲养 15~20 只,15~30 日龄饲养 10~15 只。早春育雏密度可适当大些,夏、秋则应适当小些。

（5）光照。刚出壳的雏鸭宜采用连续光照,光照强度 5~10 勒克斯,以帮助其尽快熟悉环境,学会饮水和采食。育雏期第一周可每天光照 23 小时,熄灯 1 小时使鸭群逐渐适应黑暗的环境,避免停电时引起应激,以后每周减少 2 小时,直至自然光照。

（6）饮水开食。雏鸭出壳 24 小时毛干后,就可饮水开食。规模养鸭场多采用饮水器或浅水盘,饮用水中添加多种维生素葡萄糖。开食通常在饮水后进行,开食最好用全价配合的破碎颗粒料,颗粒料营养丰富,易采食,浪费少。具体饲喂量和次数应根据雏鸭的采食情况而定,随时适当调整。每只鸭应有充足的槽位,以保证充分进食。

（7）放牧和下水锻炼。蛋雏鸭下水活动不仅有利于生长发育,还有利于清洁卫生。雏鸭下水的注意事项：①雏鸭下水训练应在天气晴朗、无风、温度适宜时进行；②雏鸭下水训练应安排在喂料后进行；③雏鸭下水的过程中应逐只下水，禁止强行驱赶；④下水训练的初期应有专人守望，防止雏鸭绒毛浸湿下沉，发生雏鸭溺亡。随着日龄的增加，下水时间可逐渐延长，直至在水中自由活动。

集约化饲养蛋鸭多以舍饲圈养为主，可在圈舍或运动场设置水盆或水池供雏鸭下水训练，雏鸭放水可有效预防"油毛"的发生，雏鸭每天放水的次数和时间应根据季节和雏鸭日龄而定。

（8）搞好卫生和防疫。雏鸭抵抗力差，容易感染疾病，因此要给雏鸭提供一个清洁卫生的环境条件。随日龄的增加，雏鸭排泄物不断增多，鸭舍极易潮湿，这种环境有利于病原微生物滋生。因此，必须及时打扫，勤换垫料，保持舍内干燥。育雏舍周围的环境也要定期清扫。食槽、饮水器每天清洗，每2~3天消毒1次。每3~5天消毒鸭舍和周围环境1次。根据种鸭的免疫程序，结合当地的疫病流行情况接种疫苗。免疫前后应在饮水中加入抗应激的电解多种维生素。

雏鸭缺乏自卫能力，因此育雏舍要密闭良好，任何缝隙和孔洞都要提前堵塞严实，防止鼠、猫、狗等动物接近鸭群。

二 蛋鸭育成期的饲养技术

育成鸭是指5~18周龄的青年鸭，消化功能已发育健全，骨骼、肌肉和羽毛生长正处于旺盛时期，生长发育快，该阶段的饲养管理将直接影响到产蛋鸭的生产性能和种用价值。其生理特点：一是生长发育迅速，活动能力很强，消化功能健全，食性广、食量大，需供给丰富的营养物质；二是合群性强，可塑性大，适于调教和培养良好的生活习惯，为后期饲养打下良好基础。

1.育成期蛋鸭的挑选

根据其外貌和行为来选择,高产蛋鸭羽毛紧密,眼突有神,头秀气、身长,腹部深广,臀部大而方,活泼反应快,觅食能力强,体形呈梯形。及时淘汰鸭群中个体发育不良的鸭子。另外,根据鸭群体重发育情况,及时淘汰体形不良、羽毛生长迟缓、体重不达标的鸭子。

2.注意育成鸭的饲料配制

重视育成鸭的饲料营养,饲料营养水平低,往往造成育成蛋鸭的体重不达标,导致开产期延迟,产蛋高峰期上升缓慢或缩短。因此,应为育成鸭提供营养全面的配合饲料。目前,我国饲喂育成鸭的主要方法是在饲喂青饲料的基础上补饲精料,根据育成鸭体重生长情况,可以给育成鸭饲喂青绿饲料,以节约精饲料,降低饲养成本。注意补饲精料的蛋白质水平应控制在 15%左右。

3.限制饲喂

采用限制饲喂方式饲养育成鸭,育成鸭采食能力、消化能力强,自由采食会导致使鸭体重超标,造成鸭群性成熟提前,不利于产蛋性能的发挥。为了防止蛋鸭过早开产,应进行限制饲喂。限制饲喂的方法可以通过限制采食量或采用限制饲料营养水平来实现。每日喂料量应根据育成鸭的体重、日龄确定。

4.控制光照

在蛋鸭的育成期,应根据鸭群的生长发育和生理阶段严格控制光照时间。光照对于鸭的性成熟和维持鸭正常产蛋有重要作用,是控制鸭群性成熟的有力工具。育成鸭的光照时间一般采用自然光照或将每日光照控制在 10 小时以内,以利于人工控制鸭群的性成熟期。

5.卫生防疫

卫生防疫措施应该贯穿育成期的全过程,应严格按照鸭的免疫程序

进行免疫。应每日清洁卫生,及时清理粪便和更换垫草,清洗饮水设备,保持鸭舍内外干燥,定期消毒。

三 蛋鸭产蛋期的饲养技术

蛋鸭从开产到淘汰(19~72周龄)称为产蛋鸭。一般蛋鸭的产蛋利用期为360天左右(140~500日龄),产蛋量多且质量较好,称为第一个产蛋年;也有经换羽休整后,再利用第二、第三年的,但其产蛋性能会有逐年下降的趋势。

1.产蛋鸭的传统放牧饲养

(1)春夏季放牧饲养管理。春季随着天气转暖,日照延长,蛋鸭的产蛋量逐渐到达高峰期。此时放牧管理应注意:①应适当延长蛋鸭的放牧时间,使蛋鸭多采食;②掌握鸭群采食高峰时间,适当补充配合饲料,增加蛋白质的供应量(粗蛋白在20%左右);③加强管理,防止早春的"倒春寒"和晚春的高温高湿对蛋鸭生产造成影响;④加强饲喂管理,防止剩料和饲料霉变;⑤做好鸭群防疫接种,加强鸭舍及场地的卫生和消毒管理。

夏季是一年中最热的时期,此阶段饲养管理的重点是防暑、降温,使蛋鸭有充足的营养。夏季天气炎热,适当延长放牧的时间,早出牧、晚归牧,在出牧前和归牧后应补充配合饲料,提供清洁的饮水。中午温度高,应在鸭群活动的区域搭建遮阳棚,供鸭只避暑和休息,避免让鸭群在灼热的路面上长时间行走,防止灼伤脚蹼(图3-7)。

(2)秋冬季放牧饲养管理。秋季气温逐渐下降,鸭群进入第二个产蛋旺季。秋季的放牧管理与春季类似,应尽量延长鸭群的有效采食时间,减缓行进的速度,使鸭群可以充分采食田地里的遗谷、昆虫和青草等;不得强行驱赶鸭群,防止鸭群受惊,影响产蛋;白天可利用自然光照,晚上鸭舍应进行人工补光,使每天的光照时间不少于16小时。

图 3-7　鸭群避暑休息

冬季气温低,饲养管理的要点是注意防寒保暖。应做好以下工作:①做好鸭舍的保暖,同时要兼顾通风;②防止鸭舍垫料潮湿,适当增加垫料的厚度,每天收蛋后可在鸭床上添加新的垫料,保持鸭床干燥、松软;③低温天气鸭只体温散发多,适当增加饲料中的能量水平(代谢能≥11.92兆焦/千克,粗蛋白质≥19%,钙2.7%~3.0%,有效磷0.5%~0.6%,赖氨酸0.8%,蛋氨酸0.28%,食盐0.35%),并提供青绿饲料;④鸭舍需要进行人工补光,使光照保持在每天16小时;⑤减少外出放牧时间,每天不超过4小时,且集中在中午温度较高的时间。

2.蛋鸭的平养技术

(1)产蛋初期(150~200日龄)和前期(201~300日龄)。产蛋初期和前期是蛋鸭产蛋率爬坡的时期,这一时期应加强饲养管理,保证充足的营养需求,应根据不同蛋鸭品种的营养需求科学地配制饲料和制订饲喂次数。除此之外,要密切关注鸭群状态,一旦出现产蛋率波动(甚至下降)、产蛋时间不集中或蛋鸭体重大幅变化,应及时排查原因,采取应对措施。这一阶段的光照时间逐渐延长,可每周增加半小时,直至维持在每天16小时。

（2）产蛋中期（301~400 日龄）。这一时期饲养管理的目标是尽可能长地维持产蛋高峰，尽可能地发挥蛋鸭的产蛋性能和经济效益。这一时期的饲养管理要点如下：① 提供营养丰富的饲料，满足高产蛋率的需求，其中粗蛋白质含量应达 19%~20%，并适当饲喂青饲料和矿物质饲料（石灰石、牡蛎壳）。②控制蛋鸭体重，如出现过肥可适量降低饲料的营养水平或减少饲喂量，增加青饲料供应；反之则提高饲料的营养水平或饲喂量。③蛋鸭群中投入 2%~5%比例的公鸭，有利于增加产蛋量。④做好卫生消毒和免疫防疫。

（3）产蛋后期（401~500 日龄）。在产蛋后期品种优良的蛋鸭仍可保持在 80%左右的产蛋率，此时应根据鸭群的体重和产蛋率适当调整饲料的营养水平或饲喂量。当产蛋鸭的产蛋率降至 60%左右时，有利用价值的鸭群可进行强制换羽或过渡到休产期，直至下个产蛋期；也可作为老鸭上市销售。（图 3-8）

图 3-8　蛋鸭的运动和洗浴

3.商品蛋鸭的笼养饲养技术

传统的蛋鸭养殖一般都选择在河道和水边，以散养为主，土地的利用率低，不利于规模化养殖，而且会严重污染水体环境。为此，笼养蛋鸭作

为新型蛋鸭健康养殖模式,目前也在逐步推广应用。

(1)品种选择。笼养蛋鸭要选择体形小、成熟早、耗料少、产蛋多、适应性强的品种,如康贝尔鸭、高邮鸭、宜春鸭和绍兴鸭等。

(2)鸭笼构造。蛋鸭笼采用"H"型笼饲养方式,通常笼养蛋鸭一般分2~3层进行饲养,履带清粪。鸭舍进门处设消毒池,进门一端安排饲料间,采用机械自动投料,另一端的鸭舍外设畜粪池。

(3)饮水和通风方式。饮水采用水塔自动供水,配扁平乳头饮水器,每个笼专用乳头2只。南北墙均开设通风窗户,温度适宜时可自然通风。进门墙壁设置湿帘,另一端墙壁可根据需要设置大型排风扇,用于人工通风。夏季可采用湿帘配合负压通风、冷风机或管道喷雾等方式降低舍内温度。

(4)适时上笼。蛋鸭一般在90日龄可由地面平养或网上饲养转群至立体笼养,对于体重不符合标准的不予上笼,雨天不进行上笼操作,气温高时应在清晨或夜晚上笼。转群抓鸭时轻拿轻放,严禁粗暴操作。蛋鸭上笼之前,笼养的料槽内给足当天采食量的饲料,以利于鸭只尽快适应笼内采食。另外,上笼后应在饮水中添加电解质多种维生素以减少应激反应,同时训练蛋鸭饮水和进食。

(5)饲喂。上笼后的第一周继续饲喂育成期饲料,饲料中添加维生素C或复合多种维生素,同时对不会使用笼养饮水系统饮水的蛋鸭也要进行饮水调教。根据饲喂量标准,每天饲喂2次,上午和下午各饲喂1次。直到开产前更换成产蛋期饲料,逐渐增加喂料量促使蛋鸭适时开产。

(6)温度与光照。根据季节变化,尤其寒冷的冬季和炎热的夏季要及时调节舍温。同时还要注意光照的补充,光照时间的长短与蛋鸭产蛋量关系密切,开始光照时每昼夜不少于14小时,以后逐渐增加至16小时。

(7)防疫与驱虫。蛋鸭在开产前尽量按免疫程序做全疫苗接种,尽量避免产蛋期间接种疫苗,降低对产蛋的影响。蛋鸭上笼 20 天内应驱 1 次蛔虫;停产换羽期间驱蛔虫、鸭虱各 1 次;入冬以后,再驱 1 次蛔虫。另外还应保持舍内环境卫生良好,尽量使蛋鸭的羽毛清洁、体质健壮。每周进行 1 次带鸭消毒,每天清理 1~2 次粪便。日常加强巡查,密切关注鸭的健康情况,发现采食排便及精神状态不正常的鸭只应及早治疗,严重的要及时隔离。

▶ 第三节　种鸭的饲养技术

一 种鸭苗的选择

父母代鸭苗必须从祖代种鸭场引进种苗,祖代种鸭必须从曾祖代种鸭场引进种苗。种鸭苗应选出雏高峰时的雏苗,雏鸭均匀度好,健壮有力,声音洪亮,反应敏感;卵黄吸收良好,脐部干燥无出血;应及时进行公母鉴别,公母雏鸭的配比为 1:4,以减少公鸭养殖量,降低成本。

二 种鸭育雏期的饲养管理

种鸭育雏期的饲养管理可参照蛋雏鸭的育雏期饲养管理进行。

三 后备种鸭的育成期饲养

仔鸭从 6 周龄育雏结束至开始产蛋前这一期间称为育成期。按育成期饲养管理的特点,又可将种鸭育成期分为 7~12 周龄种鸭生长期、13~23 周龄的种鸭限制饲养期两个阶段。育成期饲养管理将决定种鸭产蛋期的生产性能。如果后备种鸭饲养期管理不当,将会造成种鸭早成熟、早开产、种蛋小、畸形蛋多、种蛋合格率低,严重影响种鸭的生产性能。所以良好的育成期饲养管理能为产蛋期提高生产性能打好坚实的基础。种鸭育

成期的饲养管理方法主要有全舍饲、半舍饲和放牧饲养。

1.转舍或扩栏

育雏鸭转舍需要在空腹情况下进行，转舍或扩栏最好在夜间或早晨进行，禁止动作粗暴，转舍后可在饮水中加入电解多种维生素来降低鸭群的应激反应。

2.更换饲料

在饲养过程中如果突然更换饲料的种类，可能会造成鸭群不适应，进而引起采食量下降、开产体重不均匀等不良影响。为了减少鸭子的应激反应，应提前、缓慢、有计划地更换饲料，在换料的前两周，就开始在饲料中加入少量要更换的饲料，并且逐步加大添加的比例，直到全部更新饲料。

3.分群饲养管理

分群可以使鸭群的生长发育保持一致，能够准确地控制种鸭的生长体重，方便管理。育成期可以根据种鸭的体重、强弱和性别进行分群饲养，对体重小、体质弱的鸭加强管理使其快速生长发育，使鸭群整齐均匀。以每 400~500 只为一群，饲养的密度按舍内 4~5 只/平方米计算。

4.限制饲喂

育成期是种鸭生长发育关键的时期，为了减少鸭开产期采食量和开产体重不均匀的现象，要对体重过大的鸭分群并实施限制饲喂，防止母鸭体内沉积过多的脂肪，导致产蛋量的下降。后备鸭的称重应从 4 周龄开始，每周进行一次，定期定时称空腹体重，每次随机抽测比例应为鸭群总数的 5%~7%。每次称重后，将公母鸭平均体重与所制定的各阶段体重标准进行比较，如实际体重与标准体重差异较大，就要调整饲喂的饲料量。注意限饲期间应保证足够的料位，防止鸭群抢食、损伤，进而造成个体体重差异较大。可以按体重大小进行分群饲喂，体重超标的鸭群要进

一步限饲,体重不达标的鸭群则要增加饲喂次数和饲喂量,到体重接近一致后再混群饲养。

5.光照

后备鸭采取自然光照,无须人工补光。

6.适当运动与放牧

种鸭场周围如有荒滩、草地和水塘,或者鸭舍配有室外陆上和水面运动场,可进行适当的运动或放牧,有利于鸭子的生长发育,增强体质,提高繁殖性能。后备鸭群放牧还可以采食虫子、青草和矿物质等天然营养物质,既可减少脂肪沉积,又可节省饲料成本。放牧的鸭群要注意监测体重变化,如体重达不到标准应在归牧后及时进行补饲。

四 种公鸭的饲养管理

1.种公鸭的选择

种公鸭的质量会对整个鸭群产生非常大的影响,因此必须挑选优良的个体用于留种。种公鸭的选留需要经过育雏、育成和性成熟初期三个阶段的选择。种鸭场应选择体质强壮、性器官发育健全、健康的公鸭作为种鸭。另外,可以检测种公鸭精液,根据精液质量进行种公鸭的挑选。

2.种公鸭的管理

在青年鸭阶段,可以将公母鸭分开饲养,可采用放牧为主的饲养方法,让种公鸭多运动、多锻炼。一般种公鸭年龄要比母鸭大 1~2 个月,到母鸭可以产蛋时,公鸭则已达到性成熟。对性成熟的公鸭应定期检测精液,及时淘汰不合格的种鸭。做好引进新种鸭的计划,种公鸭的利用年限一般为 1~2 年,每年要更换种鸭 50%左右。种鸭场要做好卫生防疫管理,定期检疫,做好疫病预防与净化工作。

五 种母鸭产蛋期的饲养管理

1.营养需求

种母鸭在接近性成熟时,应取消限饲,并按产蛋期的营养要求,科学配制产蛋期饲料,在开产时逐渐过渡到产蛋期饲料;除此之外,饲料中的各种必需氨基酸要保持平衡,特别是色氨酸对种蛋的受精率和孵化率影响较大。提供优质的维生素添加剂,要适量增加 B 族维生素和维生素 E,以提高种蛋受精率和孵化率。另外,为满足产蛋母鸭对钙的需求,应提供丰富的矿物质,可提供贝壳粉、蛋壳粉和骨粉的料盒等供母鸭自由采食。有条件时,尽量补喂青绿饲料。

2.饲喂方法

产蛋鸭每天喂料的时间要固定,目前常用的喂料方法是每昼夜 4 次或 3 次。喂 4 次的时间分别是 6 点、10 点、14 点和 20 点,喂 3 次可安排在 5 点、12 点和 19 点。按时喂料可以培养鸭子良好的生活习惯,保持旺盛的食欲,促进消化。喂料量必须根据种鸭产蛋率的高低、季节、气候等情况实时调整。整个产蛋期的饲喂量和营养水平要相对稳定,不可突然增减饲料量或改变营养水平,如确需改变,需要进行饲料的过渡,使鸭群逐渐适应。

3.种鸭的公母比例

一般蛋用品种的公母鸭的合理配比为 1:(20~25);外来良种肉用型鸭,公母比例为 1:(5~8)。公鸭过少,可能精液质量不均衡,影响受精率;而公鸭过多则会引起争配,使受精率降低。公母比例应根据种鸭年龄、季节、水源条件等适当调整。应淘汰阴茎畸形或发育不良或阴茎过短的公鸭。对性成熟的种鸭还可以进行精液品质鉴定,不合格的予以淘汰。(图3-9)

图 3-9　种鸭的圈养

4.光照管理

光照是控制种鸭性成熟和产蛋率的最有效方法。当鸭群产蛋率达到5%时进行人工补光,采取逐步延长光照时间的方法,每周增加 1 小时光照,直至增加到每天 17 小时光照,保持恒定;光照强度以 10 勒克斯为宜。光照时间和光照强度要固定,灯高距离鸭背 1.8 米,灯要固定住,防止因光源不稳定而引起的惊群,灯分布要均匀,及时更换坏损灯泡。

5.种蛋收集

母鸭的产蛋高峰多集中在凌晨 3—4 点,随着产蛋鸭日龄的增长,产蛋的时间会往后推迟。饲养管理正常,母鸭应在上午 7 点产蛋结束,到产蛋后期,则可能会集中在 6—8 点。夏季气温高应防止种蛋孵化,冬季气温低要防止种蛋受冻,对初产鸭要训练在产蛋箱中产蛋,减少窝外蛋,被污染的种蛋不能作为种用。每天应进行 2~3 次集中收蛋。种蛋收好后及时消毒入库,不合格的种蛋要挑出,不作为种蛋。生产中可以根据种蛋的破损率、畸形率、鸭的产蛋率和种蛋的受精率变化来监测鸭群的健康水平和饲养管理是否得当。如发现异常应及时查找原因,并采取有效的应对措施。

6.日常管理

饲养种鸭一般需要具备良好的陆上和水上运动条件，可利用鸭场周围天然河流、湖水，也可鸭舍外自建洗浴池。因为种鸭的交配主要在水中进行，大小合适的水面运动场所，以及优良的水质有助于提高种蛋的受精率。种鸭交配的旺盛时间主要集中在早晨和傍晚，在这段时间，应保证水质的清洁卫生，尽量使种鸭下水，促进交配。

种鸭舍应保持清洁卫生，防止鸭舍潮湿，避免噪声等应激因素干扰鸭群；料槽、水槽和陆上运动场每天清扫，舍内舍外要经常消毒。鸭舍应冬暖夏凉，通风透气，夏季注意防暑降温，冬季防止湿冷和贼风，保持良好的养殖环境。

第四章 **鸭的常见疾病与防治**

鸭常见疾病包括由各种病原微生物引起的传染性疾病以及营养代谢、药物中毒等引起的非传染性疾病。对规模化饲养场来说,鸭饲养数量较大,对环境条件的要求较高,如饲养管理不善,容易诱发各种疾病,增加养殖成本,进而对鸭场造成一定经济损失。养殖人员一定要树立"养防结合,防重于治"的思想,从提高饲养管理、做好免疫接种、精准诊断、科学用药等方面做好疾病的防治工作。

▶ 第一节 鸭常见传染性疾病与防治

传染性疾病是由病原微生物入侵机体,在体内生长繁殖,并具有传染性的疾病总称。传染性疾病和非传染性疾病不同,传染性疾病的致病因子是活的病原微生物(如病毒、细菌、真菌等),传染病的病原能从一个感染动物侵入另一易感染动物,并可经过一定潜伏期后引起机体发病或死亡。

一 鸭瘟

鸭瘟是一种病毒性传染病,又名鸭病毒性肠炎,是鸭、鹅等雁形目禽类的一种急性、热性、高度致死性传染病。

1.病原

病原为鸭瘟病毒,又称为鸭病毒性肠炎病毒,为疱疹病毒科、α-疱疹

病毒亚科病毒。病毒在病鸭体内主要分布于各种内脏器官、血液、分泌物和排泄物中,其中以肝、肺、脑含毒量最高。病毒对外界的抵抗力不强,80 ℃加热 5 分钟即可灭活,一般在 4~20 ℃的环境中可存活 5 天。

2.流行特点

不同年龄、性别和品种的鸭都有易感性。成年鸭和产蛋母鸭发病和死亡较严重,一个月以内雏鸭较少发病。鸭瘟的传播途径主要是消化道,饲料、饮水是本病的主要传播媒介,也可以通过呼吸道、眼结膜等传染。本病一年四季均可发生,但以春夏之交和秋季较为严重。当鸭瘟传入易感鸭群后,一般 3~7 天开始出现零星病鸭,再经 3~5 天陆续出现大批病鸭,发病率和死亡率都很高。鸭群整个流行过程一般为 1 个月左右,有时可延至 2~3 个月或更长。

3.临床症状

该病自然感染潜伏期通常为 3~4 天, 病初体温升高达 43 ℃以上,呈稽留热型。病鸭表现精神委顿,缩颈垂翅,羽毛松乱,两脚麻痹无力,伏坐地上不愿移动,强行驱赶时常双翅扑地行走,病鸭不愿下水。病鸭食欲明显下降,甚至停食,渴欲增加。流泪和眼睑水肿。病鸭鼻中流出稀薄或黏稠的分泌物,呼吸困难。病鸭发生泻痢,排出绿色或灰白色稀粪。部分病鸭头和颈部呈现不同程度的肿胀,手触时有波动感,被称为"大头瘟"。

4.剖检病变

食管和泄殖腔黏膜有小出血点或条纹状纵行排列的黄色假膜(图 4-1 和图 4-2),假膜易剥离并留下溃疡斑。在"大头瘟"典型的病例中,头颈皮下胶样浸润,头和颈部皮肤肿胀,切开时有淡黄色的透明液体流出。产蛋鸭卵泡呈暗红色,增大、充血和出血;肝脏有大小不等的出血点或坏死灶;胆囊肿大,充满浓稠墨绿色胆汁。

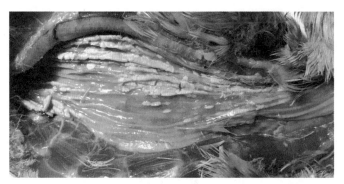

图 4-1　食管黄色条纹状假膜覆盖

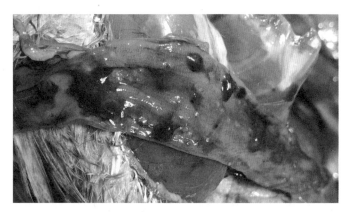

图 4-2　泄殖腔黏膜出血

5.诊断

根据临床症状和病理变化综合分析,一般可初步做出诊断,确诊需经实验室病原检测。

6.防治

(1)预防。种用鸭或蛋鸭可在 7~10 日龄进行首免,20~25 日龄二免,开产前两周左右三免,以后每隔 5~6 个月再免疫 1 次;肉鸭 7~10 日龄进行首免,20~25 日龄二免。

(2)治疗。该病尚无特效药物治疗,应采取以防为主的综合防控措施。鸭群发病时,对疑似感染鸭和健康鸭群应立即采取鸭瘟弱毒疫苗 3~4 倍量进行紧急接种;对已经出现明显症状的病鸭应立即淘汰;同时通过药

敏试验筛选敏感抗菌药物,预防细菌继发感染。

二 鸭病毒性肝炎

鸭病毒性肝炎是由鸭甲型肝炎病毒引起的一种雏鸭的急性、烈性传染病,该病以肝脏呈现出血性炎症为特征。

1.病原

鸭甲型肝炎病毒属于微小RNA病毒科禽肝病毒属,被分为1型、2型和3型三个基因型,即传统毒株(DHAV-1)和两个变异株(DHAV-2和DHAV-3)。DHAV-1与DHAV-2之间无交叉中和反应,交叉保护作用不明显。目前,DHAV-1和DHAV-3是引起我国鸭肝炎的主要病原。

2.流行特点

本病主要发生于1月龄以内的雏鸭,雏鸭死亡率可高达100%。本病在自然条件下主要感染鸭,不感染鸡、鹅,一年四季不同品种、性别的鸭均可感染。病鸭和带毒鸭是主要传染源,传播主要是通过与病鸭接触,也可通过呼吸道感染。饲养管理不良,鸭舍潮湿、拥挤、卫生条件差,缺乏维生素和矿物质等,均可促使本病发生。

3.临床症状

本病潜伏期1~4天,突然发病,病程短促。病初精神萎靡,不食,行动呆滞,缩颈,翅下垂,眼半闭呈昏迷状态。发病半日到1日即可出现神经症状,不安,运动失调,身体倒向一侧,两脚发生痉挛,快的十几分钟即死亡。死前头向后背呈角弓反张姿势(图4-3),故称"背脖病"。

4.剖检病变

剖析可见肝脏特征性病变。肝肿大,质脆,呈黄红色或花斑状,表面有出血点和出血斑(图4-4)。胆囊肿大,呈长卵圆形,充满胆汁。多数肾脏充血、肿胀。

图 4-3　鸭角弓反张

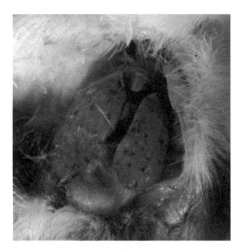

图 4-4　鸭肝肿大出血

5.诊断

本病多见 3 周龄内的雏鸭群,日龄越小发病越急,传播快,病程短。出现典型的角弓反张神经症状,肝脏发黄严重出血。

6.防治

(1)预防。做好生物安全防控。种母鸭临产前用弱毒苗按说明书进行免疫,未经免疫的种鸭,其后代雏鸭 1 日龄皮下注射鸭病毒性肝炎弱毒苗 1 头份/只。常发病鸭场,可根据情况,注射鸭病毒性肝炎抗体进行被动免疫预防。

(2)治疗。对发病雏鸭群用鸭病毒性肝炎高免血清或卵黄抗体注射治疗,同时注意控制继发或并发细菌性感染。

（三）鸭细小病毒病

鸭细小病毒病分为新型鸭细小病毒病和番鸭细小病毒病两种。

1.新型鸭细小病毒病

新型鸭细小病毒病,又称为鸭短喙-侏儒综合征,也称为鸭大舌病,是指雏鸭的一种以鸭喙变短变形、舌头外露下垂、跛行、瘫痪、拉稀等临床

特征为主要的传染性疾病。

（1）病原。病原为新型鸭细小病毒，是细小病毒科成员，属于细小病毒亚科、依赖病毒属，该病毒与鹅细小病毒的基因同源性高达90%以上。

（2）流行特点。本病具有明显的季节性，每年10月份到次年5月份发病较多；病原传播速度较快，鸭、鹅均可感染，但以肉鸭最为严重；发病日龄多在10~25日龄，少数一周左右即可发病；发病率一般在5%左右，高的能达到30%。

（3）临床症状。发病初期体温正常、精神不振、站立不稳，双脚向外叉开呈"八"字状，严重时出现跛行、瘫痪和拉稀。病鸭上下喙较短，鸭舌突出外翻，僵硬不灵活（图4-5）。眼圈周围羽毛湿润、流泪等，大群中出现呼噜、咳嗽声。采食困难或无法采食导致鸭体瘦弱，成侏儒"僵鸭"（图4-6）。

图4-5　与健康鸭相比，病鸭上下喙变短　　图4-6　与健康鸭相比，病鸭身体瘦弱

（4）剖检病变。剖检无明显病理变化，主要表现是喙短，上下喙质地正常。全身骨质有疏松现象，骨质脆弱，容易断裂。

（5）诊断。通过临床症状能做出初步诊断，确诊需要做新型鸭细小病毒PCR检测。

（6）防治

①预防。做好引种和饲养管理。目前尚无商品化疫苗，可根据疫病流行情况，注射鸭大舌病高免卵黄液或高免血清做被动免疫预防接种。

②治疗。该病可以用大舌病抗体治疗，配合敏感抗菌药防止细菌继发感染，同时在饮水中加入多种维生素和葡萄糖等进行辅助治疗。

2.番鸭细小病毒病

番鸭细小病毒病是由番鸭细小病毒引起雏番鸭的一种急性、败血性传染病，主要发生在3周内的雏番鸭，故称三周病。

（1）病原。病原为番鸭细小病毒，属于细小病毒科、细小病毒属，在自然情况下仅引起雏番鸭发病。

（2）流行特点。发病率和死亡率与日龄密切相关，日龄愈小，发病率和死亡率愈高，主要侵害3周龄以内的雏番鸭，40日龄的番鸭也可发病，但发病率和死亡率低。鹅和其他种类的鸭不发病，主要传染途径是经消化道和呼吸道感染。一年四季均有发生，以冬春季节居多，3周龄以内发病率可达60%，死亡率可达40%，病愈番鸭大部分生长发育受阻成为僵鸭。

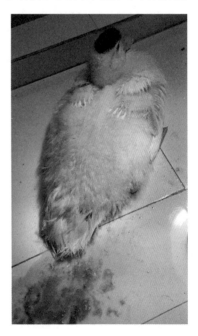

（3）临床症状。患病雏番鸭精神沉郁、厌食、怕冷、拉稀，粪便呈绿色或灰白色，常黏附于肛周羽毛（图4-7）。病雏番鸭常脚软喜蹲，呼吸困难，多数病鸭流鼻水、甩头或张口呼吸。病后期喙发绀，喘气频繁，显著消瘦，最后衰竭死亡。本病潜伏期4~9天，病程一般为2~7天。

（4）剖检病变。剖检病变主要在肠道

图4-7　排黄绿色稀粪

和胰腺。肠道呈卡他性炎症,肠黏膜充血或出血。部分病鸭在空肠和回肠处膨大,呈香肠状,手触很坚实,肠腔内充塞着灰白色或淡黄色的栓状物。胰腺肿大表面有数量不等的针尖大灰白色坏死点(图4-8)。心脏色泽苍白,心肌弛软,胆囊肿大。

图4-8 胰腺表面大量灰白色坏死点

(5)诊断。通过临床症状和病理变化可做出初步诊断,进一步实验室检测可确诊。

(6)防治

①预防。做好生物安全性措施,加强雏番鸭的饲养管理,给1~2日龄雏番鸭接种弱毒疫苗,或者给5~7日龄雏番鸭注射抗番鸭细小病毒高免血清或卵黄抗体。

②治疗。给已感染发病的番鸭注射抗番鸭细小病毒血清或卵黄抗体,通过药敏试验筛选敏感抗菌药预防继发感染。

四 禽流感

禽流感是一种由A型禽流感病毒引起的禽类烈性传染病。高致病性禽流感已被世界动物卫生组织(OIE)列为A类传染病,我国将其列入一类动物疫病病种名录。我国一直高度重视高致病性禽流感防控工作,对该病实施强制免疫。

1.病原

禽流感病原是A型禽流感病毒,属正黏病毒科成员,病毒粒子直径为80~120纳米,有囊膜,其表面有两种纤突,一种为血凝素(HA),另一种为神经氨酸酶(NA)。该病毒血清型较多,其中H5和H7亚型毒株引起的疫病为高致病性禽流感,本部分主要介绍高致病性禽流感。病毒通常在 56 ℃经 30 分钟灭活,某些毒株需要 50 分钟才能灭活,甲醛可破坏病毒的活性,肥皂、去污剂和氧化剂也能破坏其活性。

2.流行特点

各品种的鸭均有易感性,纯种番鸭较其他品种鸭更易感。不同日龄的鸭对禽流感均易感,但临床上以 20 日龄以上鸭发病多见。雏鸭发病率可高达 100%,病死率在 80% 以上。该病一年四季均有发生,但以春冬两季为主要流行季节。

3.临床症状

病鸭体温升高,精神委顿、流泪、瞳孔发白、呼吸困难、拉白色或绿色稀便,部分病鸭出现扭头、仰翻、侧卧等神经症状。产蛋鸭还表现产蛋量急剧下降,软壳蛋、畸形蛋增多等。

4.剖检病变

脑部出血(图 4-9);体腔浆膜面,如呼吸道、肺、胰脏、肝脏、脾脏、肠道黏膜、肾脏等表面出血或瘀血;心冠和肌胃周围脂肪出血;心肌表面灰白色条纹样坏死;胰脏表面大量的针尖大小的白色坏死点或液化样坏死灶(图 4-10);产蛋鸭有卵黄性腹膜炎。

图 4-9　脑部出血

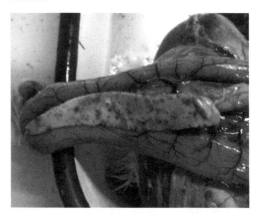

图 4-10　胰腺有大量液化样坏死灶

5.诊断

根据流行特点、临床症状和病理变化可做出初步诊断,确诊需要依据病毒学、血清学和分子生物学等试验。

6.防治

(1)预防。加强饲养管理,严格执行生物安全措施;不从疫区引种和购鸭苗;注射疫苗,因禽流感病毒易发生变异,免疫时需及时更换与流行毒株匹配的疫苗。

(2)治疗。高致病性禽流感暴发时,应及时上报疫情,确诊后必须按《中华人民共和国动物防疫法》要求处置。低致病性禽流感主要引起呼吸道感染,散发时可进行对症治疗,以减少损失。对症治疗可采用以下方法:抗病毒药物如板蓝根、双黄连等,配合抗菌药物(如环丙沙星等)防止继发感染与混合感染。

（五）鸭呼肠孤病毒病

鸭呼肠孤病毒病分为新型鸭呼肠孤病毒病和番鸭呼肠孤病毒病两种。

1.新型鸭呼肠孤病毒病

新型鸭呼肠孤病毒病是由新型鸭呼肠孤病毒引起的一种以鸭脾脏表面出血或坏死为病变特征的疾病。

(1)病原。新型鸭呼肠孤病毒为呼肠孤病毒科正呼肠孤病毒属成员,其在血清学和基因组序列上与番鸭呼肠孤病毒和禽呼肠孤病毒差异很大。

(2)流行特点。新型鸭呼肠孤病毒可自然感染各品种鸭,该病无明显季节性,但主要在冬春季节多发。感染具有明显的日龄依赖性,5~25日龄雏鸭易发,死亡率为5%~20%。

（3）临床症状。雏鸭表现为精神沉郁、食欲废绝、消瘦、跗关节肿胀、腿软等特征性症状。

（4）剖检病变。以肝脾组织出现出血和坏死性病变为特征，肝脏不同程度点状或斑块状出血和坏死，脾脏肿大、坏死等（图4-11），又称鸭脾坏死病。

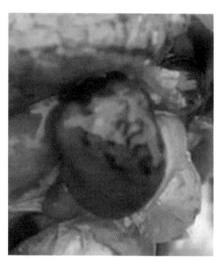

图4-11　鸭脾脏肿大、坏死

（5）诊断。根据发病鸭群的日龄、临床症状以及剖检时肝脏、脾脏特征性病变，可对新型鸭呼肠孤病毒病进行初步诊断，确诊需要进行病原的分离鉴定。

（6）防治

①预防。加强饲养管理，严格消毒卫生，特别是做好鸭舍内的防寒保温工作，同时注意保持空气流通，减少应激。另外，可在1日龄用新型鸭呼肠孤病毒高免血清或卵黄抗体免疫，必要时7日龄用新型鸭呼肠孤病毒高免血清或卵黄抗体进行二次免疫。

②治疗。可用新型鸭呼肠孤病毒高免血清或卵黄抗体进行紧急治疗，并可配合抗菌药控制继发细菌感染，在饲料或饮水中添加中草药进行辅助治疗。

2.番鸭呼肠孤病毒病

番鸭呼肠孤病毒病是由番鸭呼肠孤病毒引起的，以软脚为主要临床症状，剖检变化以肝、脾出现针尖大坏死点为特征的急性烈性传染病，俗称雏番鸭"花肝病"。

（1）病原。该病病原为番鸭呼肠孤病毒，属于呼肠孤病毒科、正呼肠孤

病毒属。

（2）流行特点。本病一年四季均可发生，但在冬春季节较少见，发病率通常为 30%~90%，鸭舍内温度和湿度过高、密度过大，卫生条件差时发病率明显升高，本病多发生于 10~25 日龄的雏番鸭，病原可通过消化道和呼吸道感染。

（3）临床症状。发病鸭表现拥挤成堆、腹泻、拉黄白色或绿色带有黏液的稀粪，肛门周围有大量稀粪黏着，泄殖腔扩张、外翻，部分鸭趾关节或跗关节肿胀，脚软。病雏番鸭耐过后生长发育不良，成为僵鸭。

（4）剖检病变。肝脏肿大、质脆，呈淡褐红色，表面和实质密布大量大小不等针尖大灰白色或灰黄色坏死点（灶）（图 4-12）；脾脏肿大呈暗红或黑紫色、质硬，表面和实质同样密布许多大小不等的白色或黄白色坏死点或坏死灶。

（5）诊断。根据流行病学、临诊症状和剖检变化可做出初步诊断，确诊须进行实验室的病原分离鉴定。

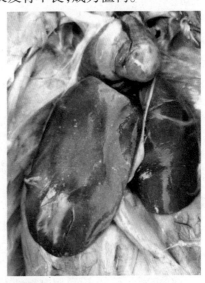

图 4-12　肝脏肿大，表面和实质密布白色坏死点（灶）

（6）防治

①预防。种鸭在产蛋前两周注射该病疫苗，可通过母源抗体保护 1 日龄雏鸭，对垂直传播具有较好的限制作用。如种鸭未进行免疫，应在 1~2 日龄免疫，每羽番鸭腿部肌肉注射疫苗 1 羽份。如雏鸭有母源抗体存在，应在 5~7 日龄加强免疫预防 1 次，并做好常规物安全防控措施。

②治疗。发病番鸭及时注射番鸭呼肠孤病毒高免抗体或免清；及时补充多种维生素和葡萄糖，配合敏感抗生素以及抗病毒中药颗粒，可以有

效地减少死亡鸭的数量。

（六）鸭坦布苏病毒病

鸭坦布苏病毒病是由坦布苏病毒引起的一种急性传染病，常引起产蛋鸭产蛋突然下降，甚至停产，也可引起雏鸭发病和死亡。该病流行范围广，主要侵害鸭，也可感染蛋鸡、鹅、鸽子等禽类，是当前危害我国养鸭业的主要疾病之一。

1.病原

鸭坦布苏病毒是一种单股正链的 RNA 病毒，属于黄病毒科、黄病毒属。病毒粒子呈球形，45~50 纳米，有囊膜，与多数有囊膜病毒一样，鸭坦布苏病毒对乙醚、氯仿和过氧胆酸盐敏感，对酸碱敏感，常用的酸碱消毒药均可杀灭病毒，对温度也敏感，56 ℃经 15 分钟即可灭活。

2.流行特点

本病传播速度快，发病急，一般 1 周左右可感染整个鸭群，发病率高，死亡率低。本病可感染鸡、鸭、鹅等禽类，尤其对鸭危害较严重，包括蛋鸭、肉鸭和野鸭。

3.临床症状

产蛋鸭感染鸭坦布苏病毒主要表现为产蛋下降，产蛋率可从 90%降至 10%，同时伴有采食量下降，有的只能达到正常采食量的一半，但死亡率不高，常出现零星死亡。雏鸭、育成鸭感染鸭坦布苏病毒主要表现为神经症状，出现瘫痪、头颈震颤，站立不稳，走路时容易摔倒，摔倒时常腹部朝上两腿呈划水状，部分鸭出现脚爪干燥（图 4-13）、腹泻、流泪、喙出血等症状，少数严重病例会出现采食困难，最后衰竭死亡，死亡率不高但淘汰率高，耐过鸭生长缓慢而成为僵鸭。

4.剖检病变

产蛋鸭感染鸭坦布苏病毒主要病变在卵巢,剖检可见卵巢发育不良、卵泡变形,卵泡充血出血,严重时会出现卵泡破裂形成卵黄性腹膜炎(图4-14);部分患鸭脑部血管充血,脑组织出现非化脓性脑炎,输卵管黏腹水肿、出血,肺脏瘀血,有的出现炎性细胞为中心的坏死灶。雏鸭、育成鸭感染后主要表现脑水肿,脑膜有大小不一的出血点,肝脏肿大发黄,肺脏瘀血,部分病鸭肾脏肿大并伴有尿酸盐沉积。

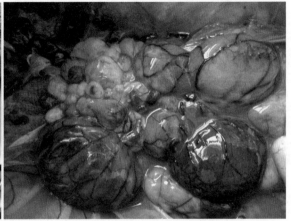

图4-13　病鸭脚爪干燥　　　　图4-14　卵巢发育不良,卵泡变形、出血

5.诊断

根据病鸭临床症状和病理变化可进行初步诊断,确诊需要进行实验室检测,目前针对鸭坦布苏病毒已研发了大量病原学和血清学的检测方法,其中 RT-PCR 是应用最广泛的病原学检测方法,适用于流行病学调查和临床诊断。

6.防治

(1)预防。鸭坦布苏病毒病的预防主要以疫苗接种为主,目前研制成功并应用于临床的主要有弱毒疫苗、灭活疫苗、亚单位疫苗等。同时做好饲养管理、消毒和生物安全。

（2）治疗。可用鸭坦布苏病毒高免卵黄抗体治疗该病,此外在日粮中添加清热解毒、保肝护肾、健脾开胃的中药复合制剂,对本病的防控有积极的作用。产蛋鸭要以接种疫苗预防和加强生物安全管理为主,一般发病时卵巢已受到病毒的侵害,即使治疗,产蛋率也很难很快恢复。

七 鸭沙门菌病

鸭沙门菌病,又名鸭副伤寒,是由沙门菌属的细菌引起鸭的急性或慢性传染病,雏鸭感染时可引起发病死亡,成年鸭感染后常成为慢性带菌者。

1.病原

该病病原为沙门菌,系革兰阴性杆菌,不产生芽孢,大小为(0.4~0.6)微米×(1~3)微米。兼性厌氧,在多种培基上生长良好。引起鸭感染的沙门菌血清型比较复杂,其中以鼠伤寒沙门菌、肠炎沙门菌、莫斯科沙门菌和鸭沙门菌为主。

2.流行特点

主要发生于雏鸭,特别是 1~3 周龄的雏鸭,4 月龄以上的成年鸭很少感染发病。主要通过消化道和种蛋传播,也可通过呼吸道和皮肤的损伤感染。感染该病的雏鸭的发病率和病死率均很高,特别是 10 日龄以内的雏鸭,严重时死亡率可高达 80%以上。

3.临床症状

雏鸭感染时常表现为精神沉郁、垂头闭眼、眼睑水肿;呼吸困难、喘息;下痢,肛门沾有粪便。有的在病后期出现神经症状,颤抖、抽搐。

4.剖检病变

雏鸭感染鼠伤寒沙门菌和肠炎沙门菌时肝脏肿大,肝表面有针尖状出血点和灰白色粟粒大坏死灶(图 4-15);肠道黏膜充血、出血,肠黏膜脱落,形成糠麸样的内容物。有时病例盲肠内有干酪样物质形成的栓子;雏鸭感染莫斯科沙门菌时,肝脏多呈青铜色(图4-16),并伴有灰白色坏死灶;气囊混浊不透明;肾脏有尿酸盐沉积。

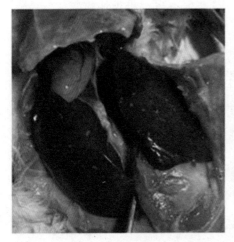
图 4-15　肝有灰白色粟粒大坏死灶

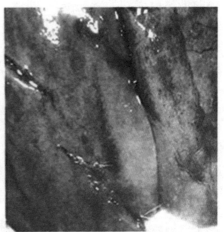
图 4-16　肝肿大呈青铜色

5.诊断

根据在不同年龄鸭群中发生的特点以及病死鸭的主要病理变化,做出初步诊断,确诊需进行细菌的分离、培养与鉴定等。

6.防治

(1)预防。加强雏鸭饲养管理,冬季注意防寒保暖,夏季要避免地面潮湿;鸭舍和运动场要定期消毒;及时收集种蛋并清除表面污物,入孵前进行消毒(用福尔马林熏蒸或消毒液浸泡);孵化和出雏用具必须保持清洁,定期消毒。

(2)治疗。喹诺酮类药物、磺胺类药物和庆大霉素、氟苯尼考等可用于预防和治疗本病,但因沙门菌极易产生耐药性,所以最好是根据药敏试验结果选择敏感的抗菌药物进行治疗。

八 鸭霍乱

鸭霍乱又称为鸭出血性败血症,是由禽巴氏杆菌引起的一种急性或慢性接触性、败血性细菌传染病。

1.病原

禽多杀性巴氏杆菌是一种革兰阴性、两端钝圆、中间微凸、有荚膜、不形成芽孢的短杆菌。在血液培养基上形成露滴样白色小菌落。体液、病料组织和血液涂片中的细菌用姬姆萨、瑞氏或美兰染色时呈两极浓染,又叫两极杆菌。

2.流行特点

各种品种的鸭均易感染本病,其中成年鸭最为易感;可通过消化道和呼吸道传染;以强毒感染的急性型为主,急性发病,病死率高,在30%~40%;本病的发生无明显季节性,但气候剧变、天气闷热潮湿、饲料突然改变等应激因素,都可使鸭的易感性提高。

3.临床症状

急性型主要表现体温升高,腹泻,排黄色稀粪;食欲减少、渴欲增加;呼吸困难,口、鼻分泌物增多;有的病鸭两脚发生瘫痪,发病后1~3天死亡;病程稍长的常表现为关节炎、关节肿胀、起立和行动困难。

4.剖检病变

急性病例明显的剖检病变为急性败血症,腹膜、皮下组织和腹部脂肪常见出血斑,心外膜、心冠脂肪出血点最为明显(图4-17);肝脏稍肿,表面有针尖大的灰白色坏死点(图4-18);肠道尤其是十二指肠出血严重,肠内容物含有血液;产蛋鸭卵泡出血、破裂。

5.诊断

根据病鸭流行病学、剖检特征、临床症状可以初步诊断,确诊需要由

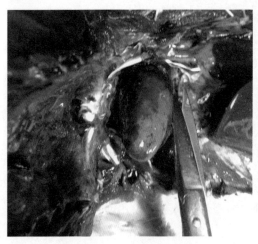

图4-17　心包膜有出血斑

图4-18　肝表面有大量灰白色坏死点

实验室诊断。取病肝脾触片经瑞氏染色,如见到大量两极浓染的短小杆菌,可以初步确诊。

6.防治

(1)预防。日常应加强鸭群的饲养管理,严格执行鸭场兽医卫生防疫措施,实施以栋舍为单位全进全出制。定期进行预防接种,最好选用针对当地常见的血清型菌株制成的疫苗进行预防接种。

(2)治疗。鸭群发病应立即采取治疗措施,可以通过药敏试验选择敏感药物全群给药。没有条件做药敏试验时可以选用磺胺类药物、多西环素、环丙沙星等药物,足量给药。由于该病易复发,当死亡明显减少后,再继续投药 2~3 天以巩固疗效,防止复发。

九　鸭大肠杆菌病

由致病性大肠杆菌引起的全身或局部感染性疾病,主要包括大肠杆菌性败血症、腹膜炎、生殖道感染等。

1.病原

大肠杆菌为革兰染色阴性无芽孢直杆菌,其大小为(2~3)微米×(0.4~

0.7)微米,有鞭毛,有的菌株可形成荚膜,兼性厌氧,在普通培养基生长良好。本菌对一般消毒剂敏感,频繁使用某种抗生素或抗菌药极易产生耐药性。

2.流行特点

幼鸭对本菌更易感,以 2~6 周龄多见。一年四季均可发生,但多发生于冬春季。饲养管理失调,密度过大、潮湿通风不良、饲管用具和环境消毒不彻底、过冷过热或气候剧变、有毒有害气体(氨气或硫化氢等)长期存在、营养不良和有免疫抑制病等,均可促进本病的发生。

3.临床症状

胚胎期感染死胚率升高,雏鸭多在 3 日龄发病,脐部发炎、肿大。病鸭精神委顿、消瘦贫血、食欲减弱或废绝,有啰音和喷嚏等症状。病鸭常腹泻、拉稀;产蛋鸭产蛋下降或停产,腹下垂、消瘦死亡;关节炎型表现为关节肿大,运动障碍;眼球炎型常见于 1~2 周龄雏鸭,多为一侧性,部分为双侧眼结膜发炎;脑炎型食欲下降或废绝,死前抽搐、扭颈。败血型多见于雏鸭,急性常突然发病或死亡。

4.剖检病变

病鸭常见心包炎、气囊炎(图 4-19)、肝周炎、眼球炎、关节滑膜炎等症状,母鸭则有坠卵性腹膜炎和输卵管炎等。有腹膜炎和输卵管炎时,剖检可见输卵管扩张,内有干酪样团块和恶臭的渗出物(图 4-20)。败血症型的病鸭可见心包积液,心冠脂肪和心外膜有出血点。关节滑膜炎时,关节内含有纤维素或混浊的关节液。眼炎时可见病鸭眼球前房有黏液脓性或干酪样分泌物。浆膜炎型的病鸭,浆膜上常有纤维素性膜,有的心包和肝脏表面有一层灰白色或浅黄色纤维素性膜,部分剖检可见气囊壁增厚、混浊,有纤维样渗出物。

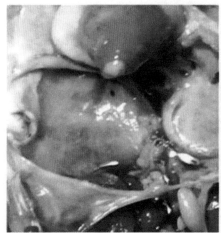

图 4-19　气囊炎　　　　　　　图 4-20　卵巢腹膜炎

5.诊断

实验室进行分离鉴定,结合临床症状、病理变化。

6.防治

(1)预防。预防该病应做好科学的饲养管理,加强鸭舍内外环境消毒,提高鸭体免疫力。雏鸭在 7~10 日龄可用大肠杆菌、浆膜炎二联灭活疫苗进行免疫,2 月龄时进行二免;药物预防有一定效果,可选择敏感药物定期进行预防性投药,特别是阴雨潮湿的天气。

(2)治疗。常用抗生素有头孢菌素类、氯霉素类、喹诺酮类等,应根据药敏试验结果选用敏感抗生素。

十　鸭传染性浆膜炎

鸭传染性浆膜炎又称鸭疫里氏杆菌病,是一种接触性、急性或慢性败血性的高致病性传染病,病变主要有纤维素性心包炎、纤维素性肝周炎、纤维素性气囊炎、干酪性输卵管炎、关节炎等特征。

1.病原

鸭疫里氏杆菌为革兰阴性杆菌,无芽孢,不能运动,有荚膜。不能在普通琼脂培养基上生长,菌体(0.2~0.4)微米×(1~5)微米,瑞氏染色,呈两极染色特性。

2.流行特点

主要自然感染 1~8 周龄的鸭,尤以 2~6 周龄肉雏鸭最易感,死亡率可达 70%,与感染鸭的日龄、环境条件等有关。本病一年四季都可发生,主要通过被污染的饲料、水、尘土等传播。当鸭舍密度过大、空气不流通、潮湿、饲料中营养物质缺乏、受寒冷刺激、混合感染其他传染病时,均易造成发病或发生并发症。

3.临床症状

(1)急性型。多见于 2~4 周龄雏鸭,表现为精神不振,少食或不食,嗜睡,缩颈垂翅,腿软,不愿走动,步态蹒跚。眼、鼻分泌物增多,轻度咳嗽和打喷嚏。腹泻,粪便稀薄呈绿色或黄绿色。濒死前神经系统症状明显,出现头颈震颤、角弓反张、尾部轻轻摇摆等,抽搐而死,病程一般 1~3 天。

(2)慢性型。多见于日龄较大的小鸭(4~7 周龄),病程一周或以上。病鸭表现精神沉郁、食欲不振、前仰后翻、不易翻起等症状。遇惊时不断鸣叫,头颈歪斜,做转圈或倒退运动。有的病鸭逐渐消瘦,不动时头颈稍弯曲,不食而死亡。

4.剖检病变

最明显的眼观病变是纤维素渗出物,可以波及全身浆膜面、心包膜和肝脏表面、气囊。心包液增多,心包膜外面覆盖纤维素性渗出物,使心外膜与心包膜形成黏连。肝肿大呈土黄色或棕红色,表面覆盖一层灰白色或灰黄色纤维素膜,病程短的易剥离(图 4-21)。部分渗出物可干酪化,呈淡黄色干酪样团块;气囊浑浊增厚,被覆纤维素性膜;脾肿大,表面有灰白色斑点;少数病例有输卵管炎,输卵管膨大,见内有干酪样物蓄积。慢性病例还可见关节炎和坏死性皮炎。

图 4-21　心包膜有纤维素性渗出物,肝脏表面覆盖一层纤维素膜

5.诊断

根据流行特点、临床症状和剖检病变,可做出初步诊断,最后确诊需要进行实验室诊断。

6.防治

(1)预防。不从流行该病的鸭场引进雏鸭,实施全进全出。平时应加强饲养管理,注意育雏室的通风换气,干燥防寒,保持适宜的饲养密度及清洁卫生等。必要时停养 2~3 周,鸭场彻底消毒。可采用疫苗预防,鸭疫里氏杆菌血清型较复杂,选用适合当地流行毒株的疫苗进行免疫。

(2)治疗。可用抗生素(如磺胺类药物)防治本病,但由于鸭疫里氏杆菌易产生抗药性,有条件的鸭场可做药敏试验,筛选高敏药物,并注意药物的交替使用。

（十一） 鸭葡萄球菌病

鸭葡萄球菌病是由金黄色葡萄球菌引起的一种细菌性传染病,临床表现为关节炎、败血症和皮炎。该病是危害养鸭业的重要疾病,常给种养鸭业造成很大的经济损失。

1.病原

病原是金黄色葡萄球菌,该菌在自然界中广泛存在,是一种革兰阳性菌。菌体呈球形,在显微镜呈葡萄状排列,对外界环境的抵抗力较强,在普通培养基上即可生长,耐高盐,可用高盐培养基进行选择培养。

2.流行特点

各日龄段鸭均可感染,雏鸭感染多呈败血症经过,发病率和死亡率均较高,成鸭感染大多表现为关节炎和皮炎,死亡率低但病程长,影响生长,也会造成一定的经济损失。本病一年四季均可发生,潮湿多雨季节更易发。皮肤创伤和黏膜损伤是造成本病感染的重要途径。

3.临床症状

雏鸭感染多呈败血症经过,表现为精神沉郁,闭眼缩头,羽毛蓬乱,两翅下垂,拉灰白色或黄绿色稀粪,成年鸭感染多表现为关节炎症状,主要是跗关节和趾关节出现病变,病变关节以及邻近的腱鞘都发生肿胀,局部初期发热,病鸭精神沉郁,拉稀,站时频频抬脚,驱赶时表现跛行或跳跃式步行。

4.剖检病变

雏鸭剖检常可见胸腹部及大腿内侧皮下有胶冻样水肿,呈紫红色,死鸭有腹水,肝脏肿大,呈绿褐色,脾脏肿大,瘀血。成鸭常表现为关节炎病变,剖检可见跗关节和趾关节出现肿大或变形,触摸局部有热痛感。切开可见关节腔有淡黄色脓汁或有干酪样物质,关节面粗糙。

5.诊断

根据该病的流行特点、临床症状和病理变化进行初步诊断,确诊需要进行实验室细菌学检查。

6.防治

(1)预防。对于常发生鸭葡萄球菌病的鸭场,可给 20 日龄后的鸭免疫

接种葡萄球菌多价灭活苗,2周后产生免疫力,免疫期在2~3个月。鸭舍内应保持干燥,加强饲养管理,供给清洁饮水,保持鸭群在干净的池塘内运动。病死鸭掩埋或焚烧,及时清除污物,并进行全面彻底消毒。

(2)治疗。常用抗生素有氨苄西林、青霉素、阿莫西林、头孢噻呋等,最好根据药敏试验选用敏感抗生素,对于症状较轻的病鸭可通过饮水给药,重症病鸭采用肌肉注射的方式给药。对感染严重的病鸭可切开感染部位,先用注射器抽出渗出物,清理消毒或注入敏感的药物有一定疗效。对关节感染破溃的病鸭,要用碘伏棉球擦洗患处,促使损伤尽快愈合。

十二 鸭曲霉菌病

鸭曲霉菌病是由曲霉菌引起的真菌病,该病主要侵害呼吸器官,可在肺部及气囊形成干酪样霉菌斑或霉菌结节。雏鸭最易感,感染后发病率和死亡率都很高,成年鸭多为散发,是危害幼龄鸭的一种重要传染病。

1.病原

主要病原体为烟曲霉,黑曲霉、黄曲霉、土曲霉等也可感染发病。曲霉菌的形态特点是分生孢子呈串珠状,在孢子柄顶部囊上呈放射状排列。本菌为需氧菌,在一般霉菌培养基中均可生长。曲霉菌的孢子对外界抵抗力较强,煮沸后5分钟可杀死,一般消毒液难以灭活。

2.流行特点

各日龄段鸭均可感染,雏鸭更易感,雏鸭感染常呈急性暴发,发病率和死亡率都较高,主要经呼吸道感染,也可经消化道感染。本病多发于温暖潮湿的梅雨季节,此时曲霉菌大量生长繁殖并形成孢子,严重污染环境,易引起鸭群的感染。

3.临床症状

该病主要发生于1月龄以内的雏鸭,发病时病鸭精神不振,双翅下垂,羽毛松乱,食欲减少或废绝,但渴欲增强。病鸭常缩颈呆立,双目呈半闭状,嗜睡,不愿下水。有的病鸭呼吸困难,口腔和鼻腔有浆液性分泌物流出,腹泻并排绿色或黄色糊状粪便。病鸭后期拒食,急剧消瘦和衰竭死亡。

4.剖检病变

剖检可见肺部和气囊有粟粒大至绿豆大的灰黄色或乳白色小结节,切开结节后可见有层次的结构,中心为干酪样坏死组织。有时胸腔、腹腔、肝脏和肠浆膜等处也可见到这种结节,喉头、气管、支气管黏膜充血,有淡灰色渗出物。肝脏瘀血和脂肪变性。部分病死鸭口腔内有溃疡。

5.诊断

根据临床症状、剖检变化及有无接触发霉垫料和喂给霉变饲料可做出初步诊断,确诊需做实验室检验。

6.防治

(1)预防。加强饲料管理,禁止饲喂霉变的饲料。及时清理鸭粪,更换垫料,避免垫料发霉。保持圈舍通风和干燥,定期对鸭舍内外、墙壁、饲槽和饮水器等器具进行消毒。控制饲养密度,喂料时要少喂勤添,防止料槽中的饲料积压霉变。

(2)治疗。发现病鸭时应及时隔离,清理垫料,更换饲料,全面消毒鸭舍。在饲料中拌入制霉菌素,按每只雏鸭日用量3~5毫克拌料饲喂,症状较为严重时可适当增加药量灌服,每日2次,连用3天。也可口服灰黄霉素,每只鸭服500毫克,每天2次,连服3天。

十三 鸭球虫病

鸭球虫病是由鸭球虫引起的一种仅严重危害鸭的寄生虫病,以出血性肠炎为主要特征。该病在鸭的养殖过程中较为常见,各种日龄的鸭均

易感,发病率和死亡率都较高,特别是雏鸭更易受到侵害。

1.病原

鸭球虫是一种寄生在鸭子小肠和盲肠内的寄生虫,属原虫类。在我国对鸭危害严重的球虫主要有两种,即泰泽属的毁灭泰泽球虫和温扬属的菲莱氏温扬球虫。球虫卵囊外层薄而透明,内层较厚。发育成孢子化卵囊的适宜温度为 20~28 ℃,最适温度为 26 ℃。寄生于小肠、盲肠和直肠绒毛的上皮细胞内,少数种类寄生于肾脏。

2.流行特点

各日龄段的鸭均可感染,15~20 日龄的雏鸭最易感,雏鸭感染后常呈急性经过,发病率和死亡率均较高。成鸭感染后症状轻微或不表现症状而成为球虫的携带者,是引起球虫病的重要传染源。本病多发于温暖潮湿的梅雨季节,在此环境条件下,球虫卵囊易发育形成感染性卵囊。

3.临床症状

急性病例多发于 15~20 日龄的雏鸭,病鸭表现精神萎靡,缩颈,采食量下降或废绝,喜卧,渴欲增加,病初拉稀,粪便呈暗红色或深紫色,其中含有血液。病鸭失血过多会出现贫血症状,可视黏膜苍白,精神倦怠,畏寒怕冷,易继发感染其他病原菌。感染严重的鸭在发病当天或随后的 1~2 天死亡,死亡率为 20%~80%,耐过的病鸭能逐渐恢复食欲,但生长发育受阻,增重速度缓慢,饲料消化不良,粪便有过料现象。慢性感染的鸭一般不表现明显的症状,偶尔能见到腹泻现象,是球虫携带者,可成为传染源。

4.剖检病变

病死鸭剖检常可见整个小肠呈严重的出血性肠炎,卵黄蒂前后范围的病变较明显。有的病例肠壁肿胀、出血,黏膜上有出血斑或密布针尖大小的出血点,部分可见红白相间的小点,有的黏膜上覆盖一层糠麸状或奶酪状黏液,或有淡红色或深红色胶冻状出血性黏液。有的病鸭仅可见回肠后部和直肠轻度充血,或在回肠后部黏膜上见有散在的出血点。

5.诊断

鸭的带虫现象较普遍,尤其是地面饲养的鸭,不能仅根据粪便中有无卵囊做出诊断,应根据临床症状、流行特征和剖检病变,结合病原检查综合判断。

6.防治

(1)预防。鸭舍应保持清洁干燥,定期清除粪便,防止饲料和饮水被鸭粪污染。饲槽和饮水用具要经常消毒。定期更换垫料,可集中堆肥发酵,利用生物热杀灭球虫卵囊。

(2)治疗。发病鸭常用抗球虫药进行治疗,临床常用的抗球虫药有地克珠利、妥曲珠利、磺胺氯吡嗪钠等。

▶ 第二节　鸭常见营养代谢性疾病与防治

一　维生素 A 缺乏症

维生素 A 缺乏症是因日粮中维生素 A 或胡萝卜素供给不足或机体吸收障碍引起的以视觉和行动障碍为主要症状的代谢性疾病。该病会造成鸭胚发育不良,容易导致鸭视觉障碍,并损坏消化道和呼吸道黏膜等。

1.病因

饲料中维生素 A 或胡萝卜素不足或缺乏是该病的原发性病因。如果产蛋种母鸭日粮中缺乏维生素 A 时,雏鸭出壳后 1~2 周龄容易发病。一般青绿饲料(如豆科绿叶、绿色蔬菜、胡萝卜和黄玉米)中的胡萝卜素含量丰富,但饲料加工、贮存不当或者存放过久均会破坏其中的胡萝卜素。

长期饲用这样的饲料,容易造成维生素 A 缺乏。鸭群运动不足以及患有消化道疾病也是促使鸭群发病的重要诱因。

2.临床症状

雏鸭发生维生素 A 缺乏症时,生长发育严重受阻。病鸭精神萎靡、消瘦,羽毛蓬乱,鼻孔流出黏稠的鼻液,鼻腔常因干酪样物堵塞而张口呼吸。有的病鸭眼睛流出牛乳状的渗出物,上下眼睑被渗出物黏住,部分病鸭的眼剥开可见大块白色的干酪样物质,眼角膜发生软化和穿孔,甚至失明。种鸭体内维生素 A 缺乏时,脚蹼、喙部的黄色变淡,甚至呈苍白色,产蛋量显著下降,蛋黄颜色变淡,出雏率下降,死胚率增加。种公鸭则出现性功能衰退的情况。

3.剖检病变

病鸭剖检可见鼻道、口腔、咽、食管和嗉囊的黏膜表面有不易剥落的白色的小结节。病情加重时,结节病灶变大,并呈灰黄白色的假膜覆盖在黏膜表面,剥落后不出血。雏鸭常见假膜呈索状与食管黏膜纵皱褶平行,刮去假膜,可见黏膜呈苍白色,变薄。在食管黏膜小溃疡病灶周围及表面有炎症渗出物。心脏、肝、脾表面均有尿酸盐沉积。肾脏表面覆盖有纤细白绒样网状物,肾小管充满白色尿酸盐。输尿管极度扩张,管内蓄积白色尿酸盐沉淀物。

4.诊断

根据临床症状、剖检病理变化和饲料化验结果可基本确诊。

5.防治

(1)预防。保证饲料中含有足量的维生素 A 是防止该病的关键。平时要注意饲料多样化,青饲料或禽用多种维生素必不可少。根据季节和饲源情况,可选择胡萝卜或胡萝卜缨、豆科绿叶(苜蓿、三叶草、蚕豆苗)、谷物类(黄玉米)等。维生素 A 热稳定性差,在饲料的加工贮存过程中应防止饲料酸败、发酵、产热。

（2）治疗。鸭群发生维生素 A 缺乏症时，应按其正常量的 2~4 倍（8 000~15 000 国际单位/千克饲料）补充维生素 A 制剂，或在饲料中添加鱼肝油 2~4 毫升/千克，与日粮充分混合均匀，立即饲喂，连用数日。重症的病例，雏鸭每只肌肉注射 0.5 毫升的维生素 A 制剂，成年鸭每只肌肉注射 1.0~1.5 毫升，或分 3 次口滴服，母鸭通常一个月内可恢复生殖能力。

二 维生素 B_1 缺乏症

鸭维生素 B_1 缺乏症是因体内维生素 B_1（又称硫胺素）供应不能满足代谢需求，进而发生的一种以外周神经和中枢神经细胞退行性变化为主要特征的营养代谢性疾病。

1.病因

在鸭饲养过程中，长期缺乏青绿饲料，饲喂单一谷类或者其他含维生素 B_1 较少的饲料，容易引发该病。鲜鱼虾及蕨类植物等饲料中含有可分解维生素 B_1 的硫胺素酶，长期饲喂也会导致维生素 B_1 缺乏。饲料中的维生素 B_1 在加热和碱性条件下，或者储存不当，发生霉变也会造成维生素 B_1 的损失。氨苄西林、头孢菌素、氯霉素、氨丙啉等药物也可与维生素 B_1 在体内产生拮抗作用。

2.临床症状

雏鸭日粮中缺乏维生素 B_1 时，一般 1 周左右开始出现症状。病鸭精神不振，食欲减退，下痢，生长发育受阻，羽毛松乱，多处无羽。随着病程的发展，脚软无力，共济失调，两脚朝天呈游泳状，无力翻身自立，头颈常偏向一侧或扭转，无目的转圈奔跑。成年鸭缺乏维生素 B_1 时症状不明显，产蛋量下降，孵化率降低。

3.剖检病变

病鸭胃肠壁严重萎缩,十二指肠溃疡,肠黏膜有明显炎症;心脏轻度萎缩。雏鸭生殖器官萎缩,皮肤广泛性水肿。

4.诊断

主要根据病鸭临床症状、流行特点、病理变化和饲料化验分析等可综合做出诊断。

5.防治

(1)预防。妥善保存饲料,防止因潮湿、霉变、受热或遇碱性物质等破坏维生素 B_1。在生长发育和产蛋期应适当增加豆粕、糠麸、酵母粉以及青绿饲料等,保证日粮中维生素 B_1 的含量充足。另外,雏鸭出壳后,可在饮水中添加适量的电解多种维生素。在使用抗生素(如磺胺类药物)治疗疾病时,应在饲料或饮水中适当补充维生素 B_1。

(2)治疗。当出现疑似病例时,可在每千克饲料中加入 10~20 毫克维生素 B_1 粉剂,连用 7~10 天。按照每 1 000 羽雏禽使用 500 毫升维生素 B_1 溶液饮水,连用 2~3 天。对于病情严重的患禽,可按雏鸭 1~3 毫克,成年鸭 5 毫克肌内注射,每天 1 次,连用 3~5 天,同时饲料中适当提高维生素 B_1 比例,补充青绿饲料,大多数病鸭经治疗可以康复。

三 维生素 B_2 缺乏症

维生素 B_2 又称核黄素,是禽体内多种酶的辅基,与机体生长和组织修复作用密切相关。维生素 B_2 体内合成量较少,主要依赖于饲料中补给。该病的特征性病变是生产发育受阻、两腿发生瘫痪、多趾爪向内弯曲、瘫痪、皮肤干燥等,常发于雏鸭,青年、成年鸭发病较少。

1.病因

饲料中维生素 B_2 含量不足是该病发生的主要原因。鸭在低温、应激

等条件下对维生素 B_2 的需求量增加，正常的添加量不能满足机体需要。饲料中脂类、低蛋白饲料含量增加时，也应及时补充维生素 B_2。另外，某些药物(如氯丙嗪等)能拮抗维生素 B_2 的吸收和利用。胃肠道疾病及消化功能障碍也会影响维生素 B_2 的转化和吸收。

2.临床症状

该病主要发生于 14~30 天雏鸭。患禽发育不良，食欲下降，逐渐消瘦，羽毛松乱无光泽，行动缓慢，常排有气泡的稀粪。严重时会出现趾爪向内弯曲呈握拳状，两翅伏地、不能站立。病程后期患禽多卧地不起，行走困难，只能就近采食。偶见眼结膜炎、角膜炎和腹泻等症状。成年鸭一般表现为生产性能下降。

3.剖检病变

维生素 B_2 缺乏症典型症状是坐骨神经变粗，重症鸭坐骨神经鞘显著肿大，内脏器官一般没有明显异常变化。消化道空虚，肠道内容物呈泡沫状，肠壁变薄，黏膜萎缩。种鸭缺乏维生素 B_2 可导致雏鸭颈部皮下水肿，造成死淘率升高。

4.诊断

通过典型症状特征(足趾向内蜷缩、两腿瘫痪等)、剖检病变和饲料使用等情况的综合分析，即可初步做出诊断。

5.防治

(1)预防。合理储存饲料，避免潮湿、霉变等因素破坏饲料中的维生素 B_2。日常喂料要保证饲料中维生素 B_2 的含量，尤其在生长发育阶段和产蛋期。雏鸭出壳后可在饲料或饮水中适当添加电解多种维生素。

(2)治疗。当鸭群发生维生素 B_2 缺乏症时，应及时增加饲料中的维生素 B_2 的含量，可按每千克饲料中添加 10~20 毫克维生素 B_2 粉剂，连用 7~10 天。若症状严重，可按照成年鸭 5 毫克，雏鸭 1~3 毫克肌内注射进行

治疗,连用 3~5 天。

四 鸭腹水症

鸭腹水症是一种以腹腔积液为特征的肉鸭营养代谢障碍性疾病。该病多见于肉鸭,尤其发育良好、生长快速的肉鸭。种鸭也可发生,且公鸭发病率高于母鸭。该病多见于寒冷的冬季和气温较低的春秋季节,发病率可达 30%,对鸭场造成较大的危害。

1.病因

在肉鸭饲养过程中, 为了让其快速生长而饲喂高能量和高蛋白的饲料,体重增加迅速,但其实质器官的增重却相对缓慢,为满足机体对营养物质的需求,各实质器官被迫不断提高代偿作用,但时间一长就会失去平衡,进而发生血液循环障碍,导致大量腹水潴留。同时肉鸭生长过快,代谢旺盛,耗氧量会增加,此时如果饲养密度过大,尤其冬季易导致舍内缺氧,机体为维持正常的生命活动会增加心脏的收缩功能,心壁变软, 心力衰竭,进而产生腹水。此外肝脏是体内最重要的物质代谢中心,参与各种物质的代谢和凝血因子的合成,肝脏受到损伤后,会影响凝血因子的合成,使血管通透性增加,腹水增多。日粮霉菌毒素超标、食盐含量过高和一些药物使用过多等会引发中毒性肝炎,进而导致腹水症。

2.临床症状

发病初期表现为行动迟缓,喜卧,精神委顿,羽毛蓬乱,体重减轻,食欲下降或废绝。有的呼吸困难,腹部膨大、下垂,触之有明显的波动感,且皮肤变薄发亮。随病情发展可见病鸭缘、脚蹼及腹部皮肤发绀,最后抽搐死亡。

3.剖检病变

病鸭剖检可见皮下水肿,腹腔内有大量淡黄色的清亮透明液体,液体中常混有纤维素絮状凝块;心脏极度扩张,心包积液,质地变软,心壁变薄,右心房内充满血凝块;肝脏充血肿大,颜色不均呈斑驳状,质地柔韧,包膜增厚;肾脏肿大充血,有的有尿酸盐沉积;肠管变细,肠壁增厚,肠系膜充血;黏膜、喙缘、蹼和骨骼肌肉因缺氧而发绀。

4.诊断

根据病史、临床症状和剖检变化可做出诊断,确诊须经细菌培养和病毒分离鉴定。

5.防治

(1)预防。采取综合的预防措施,调整饲养密度,增加舍内外气体交换,在保证舍内温度的情况下通风,使舍内有充足的新鲜空气;加强饲养管理,减少应激反应,及时补充维生素 C、维生素 E 等增强鸭群抗应激能力;控制鸭早期的生长速度,禁止饲喂霉变的饲料,避免饲料中盐含量超标,防止中毒性肝炎引发的腹水症。

(2)治疗。采用以利尿、排水、排钠、保肝和强心为主的治疗原则,可在饲料中加入 0.2%碳酸氢钠,连喂 3~5 天;为防止继发大肠杆菌病和慢性呼吸道疾病等,可选用氟苯尼考、沙星类药物等饮水进行预防。对腹水严重的病鸭可穿刺放液,穿刺部位选择腹部最低点,以便排出积液,减轻内压,缓解呼吸困难。

▶ 第三节　鸭常见中毒性疾病与防治

一 磺胺类药物中毒

磺胺类药物中毒是目前较为常见的一种鸭药物中毒性疾病,通常是鸭超量或持续服用磺胺类药物引起,严重的甚至导致死亡。

1.病因

通常情况下,磺胺类药物本身在体内代谢较缓慢,不易排泄,使用磺胺类药物剂量过大,长期使用,或当肝、肾有疾患时都易造成在体内的蓄积而导致中毒。另外,由于30日龄内的雏鸭因体内肝、肾等器官功能发育未全,对磺胺类药物较为敏感,也极易引起中毒。

2.临床症状

急性中毒主要表现为兴奋不安、厌食、腹泻等症状。慢性中毒多见于用药时间过长,表现为生长发育停滞,食欲减小或废绝,口渴,腹泻或便秘;有的病鸭皮肤呈蓝紫色;有肾脏病变的常排出带有多量尿酸盐的粪便。产蛋鸭产蛋率下降,有的产软壳蛋、薄壳蛋。

3.剖检病变

血液凝固不良,主要器官出现不同程度出血。肝脏瘀血,肿大,表面可见少量出血点或针尖大小的坏死灶。肠道黏膜弥漫性出血,肠壁较光滑;病程稍长的,肾脏肿大、出血,呈花斑肾样病变。肾小管和输尿管增粗,充满尿酸盐。

4.诊断

根据磺胺类药物使用情况,用药的种类、剂量、时间、供水情况与发病的时间和经过,同时观察临床症状及病禽剖检病变特征,进行综合分析可得出诊断。

5.防治

(1)预防。控制磺胺类药物的剂量和用药时间,连续使用不能超过1周。严格按照磺胺类药物的规定剂量使用,避免同类的磺胺药物同时使用,并注意在用药期间供给充足的饮水。尽量不给患有肝、肾疾的鸭或者雏鸭及产蛋母鸭使用磺胺类药物。

(2)治疗。一旦发生磺胺类药物中毒,立刻加入1%~5%碳酸氢钠水溶液加电解多种维生素,间隔 12 小时加 5%葡萄糖,同样饮水 4 小时。保证饮水充足,可缓解病情,减少死亡。

二 食盐中毒

食盐中毒主要由于饲料或饮水中食盐含量过高所导致。鸭对食盐的毒性比较敏感,摄入超量食盐可抑制雏鸭生长,降低种鸭繁殖率。

1.病因

饲料中食盐含量过高,或是加喂咸鱼粉等含盐量大的副产品,易导致食盐中毒;拌料不均匀或是雏鸭大量地吃入食槽底沟部饲料中食盐沉积物,也会引发食盐中毒。

2.临床症状

病鸭表现食欲不振,渴感增强,频频饮水,嗉囊内充满液体,有时触诊还可发现皮下水肿;盲目冲撞,共济失调,头向后仰,倒地后背着地两脚在空中摆动;呼吸困难,严重的全身抽搐,痉挛死亡。

3.剖检病变

病鸭全身水肿,皮下组织和肺脏皆有水肿。食管充血,嗉囊中充满黏液,黏膜易脱落。腺胃黏膜充血,有伪膜覆盖。肝脏有不同程度的瘀血,并有出血点和出血斑。心包和腹腔有黄色积液,心外膜有出血点。脑水肿,脑膜血管显著充血扩张,并常见有针尖大出血点。

4.诊断

根据饲料中氯化钠的含量,鸭场的饲喂方法、饮水情况、发病病史、临床症状和病理变化等就可归纳分析做出诊断。

5.防治

(1)预防。严格控制食盐的进食量,尤其雏鸭对食盐较为敏感,一般以 0.3%为宜,不得超过 0.5%。在加入饲料前要先研细,先少量拌匀后再逐级

混匀。

（2）治疗。若发现可疑食盐中毒时，首先要立即停用可疑的原饲料和饮水，用5%葡萄糖溶液饮水，连用4~5天。对中毒严重的鸭群可在5%葡萄糖溶液中再加入0.5%醋酸钾溶液饮水。

三 黄曲霉毒素中毒

黄曲霉毒素中毒是由于花生、玉米、麸皮等贮存不当，导致黄曲霉与曲霉菌生长代谢产生有毒物质，使得鸭采食后中毒。雏鸭对黄曲霉毒素最为敏感。

1.病因

致病因子是黄曲霉毒素。黄曲霉毒素主要由黄曲霉、寄生曲霉等所产生，这些菌在环境中广泛存在。鸭饲喂受黄曲霉污染的花生、玉米、饼粕、麦麸等，很容易引起中毒。此外，被黄曲霉毒素污染的垫料，也易诱发该病。

2.临床症状

1周内的雏鸭多呈急性中毒，死前可不出现明显症状，死亡率高达100%。雏鸭表现为采食减少，生长缓慢，羽毛脱落，贫血，常见跛行，腿部和脚蹼可出现紫色出血斑点，排绿色稀便，或有共济失调、抽搐、角弓反张等神经症状。成年鸭多亚急性或慢性中毒，会出现行走摇摆、弓背、尾下垂，行走异样。

3.剖检病变

特征性病变主要为肝脏和全身浆膜出血。胸部皮下和肌肉有出血斑点，肝脏肿大，急性中毒时，肝脏肿大为正常的2~3倍，色淡，有出血斑点或坏死灶，胆囊扩张，肾脏苍白肿大，胰腺有出血点，心包和腹腔常有积水。脾脏肿大、色浅、质地变硬。

4.诊断

根据病史、临诊症状和病变特征可做出初步诊断。必要时可将饲料送实验室进行人工发病试验和血液学检验等确诊。

5.防治

（1）预防。防止饲料发霉，特别是温暖多雨季节更应注意防霉。为了防止饲料发霉，可在每吨饲料中加入75%丙酸钙1千克。若仓库已被黄曲霉菌污染，可用福尔马林熏蒸，以消灭霉菌孢子。注意不使用发霉的饲料和垫草。

（2）治疗。本病目前无有效药物治疗。鸭群发病应该立即更换饲料、垫料，在每10千克饲料中添加维生素C5克、葡萄糖50克。早期发病的鸭群可投喂硫酸镁、人工盐等盐类泻剂，或灌服0.1%高锰酸钾溶液，可缓解毒性。

（四）肉毒梭菌毒素中毒

肉毒梭菌毒素中毒是由肉毒梭菌产生的外毒素引起的一种中毒病。肉毒梭菌有A、B、Ca、Cb、D、E、F、G 8个型，其中A、Ca、Cb和E型禽类易感。

1.病因

肉毒梭菌毒素中毒是由肉毒梭菌在厌氧条件下产生毒素而引起的一种疾病，多发生于夏秋季节。鸭群在放牧时，吞食了一些腐败的含有大量肉毒梭菌、绿脓杆菌等的鱼类或小动物尸体，肉毒梭菌毒素被鸭胃肠吸收而引起的中毒。

2.临床症状

根据鸭摄取的肉毒梭菌毒素含量，病程有差异。病鸭眼半闭，瞳孔放大，沉郁嗜睡，站立呈企鹅姿势，羽毛逆立，两翅下垂。有的摇头伸颈，将

头颈伸直平铺于地面,不能抬起。食欲废绝,排白色水样粪便。呼吸加深加快,后期深而慢,有的呼吸困难,昏迷死亡。

3.剖检病变

病鸭一般无特异性病理变化,死鸭整个肠道充血、出血,尤以十二指肠为甚。咽喉、会厌黏膜点状出血。肺脏充血、水肿,表面有出血点或出血斑,气管有泡沫状渗出物。心包积液,心肌、心内膜和心外膜有针尖大小出血点。

4.诊断

根据放牧前后鸭群变化、病鸭临床症状、饲料腐烂的情况以及试验室对肉毒杆菌毒素的化验结果进行诊断。

5.防治

(1)预防。加强饲养管理,严格禁止鸭吃腐败的尸骨和霉变的饲料,及时清除病死鸭并将其深埋或焚烧。不喂食腐败的鱼粉、肉粉或腐败的蔬菜。不在污染严重的水塘放牧。

(2)治疗。对于轻度中毒的病鸭可用多价抗毒素治疗,用硫酸镁等盐类泻药促进毒素排泄。饲料中补充维生素 A 和维生素 E 等,并结合新霉素、链霉素或庆大霉素饮水,降低死亡率。

(五) 有机磷农药中毒

有机磷农药是一种毒性较强的杀虫剂,在农业生产中应用广泛,常见的有甲胺磷、敌百虫、对硫磷、敌敌畏等。有机磷农药中毒是由于鸭接触、吸入有机磷农药,或者误食被该药污染的饮水、作物、青草等引起鸭的一种中毒性疾病,临床上主要见于放养的鸭群。

1.病因

鸭有机磷中毒是由于鸭误食喷洒过有机磷农药的农作物、青草、蔬菜等,或饮用被有机磷农药污染的水,采食拌了药的谷粒种子及被药污染的青绿饲料、鱼虾等。此外,用敌百虫驱除体内外寄生虫时,如用药浓度过大也易引起鸭中毒。

2.临床症状

有机磷农药急性中毒可未见明显症状突然死亡,部分病鸭可短时间内突然拍翅、跳动、抽搐死亡。病程稍长的病鸭精神委顿,食欲减少或废绝,双脚无力,两翅下垂,肌肉震颤;运动失调,驱赶则翅膀拍地;流涎,鼻腔内流出许多浆液性鼻液;有的病鸭呼吸困难,伸颈抬头,张口呼吸,频排稀便;眼结膜充血,瞳孔缩小,呈昏迷状态,甚至死亡;部分病鸭可耐过。

3.剖检病变

病鸭主要表现为血凝不良、鼻腔黏膜充血、出血、流出浆液性液体;肺脏充血,水肿,支气管内含有白色泡沫状黏液;肝脏肿大,呈暗紫色,质地脆,胆囊肿大,充满胆汁。肾膜充血,切面暗红;胃肠黏膜出血、肿胀易脱落,小肠前段充血,出血明显。

4.诊断

根据临床症状、剖检病变,结合病鸭放牧情况、有无接触有机磷农药的病史,以及血清中胆碱酯酶活性检测结果可以确诊。

5.防治

(1)预防。农药要严格管理,鸭场购买的有机磷类农药必须单独存放,专人保管。用有机磷农药拌过的种子必须妥善保管,禁止堆放或撒在鸭舍内外,避免造成鸭误食。放牧前,必须充分了解周围田地和水域是否喷洒过农药,以免造成放牧时中毒。使用有机磷农药鸭舍内外杀虫时,应注意正确使用及剂量。

(2)治疗。尚未有症状的鸭群可每只口服阿托品 0.1 毫克;对轻度中

毒的病鸭,每羽大腿内侧肌内注射硫酸阿托品 0.5 毫克和 10%葡萄糖水 2毫升。对中毒较重的病鸭,每羽大腿内侧肌内注射硫酸阿托品 1.5 毫克、10%葡萄糖水 2 毫升和双复磷 10 毫克。或成年鸭肌内注射解磷定 1.2 毫升(每毫升含解磷定 25 毫克),并隔离饲养,及时观察。

▶ 第四节 鸭场消毒及无害化处理技术

一 鸭场消毒

1.消毒的概念

消毒技术是指利用物理、化学、生物学等方法杀灭或清除外界环境中的病原体,从而切断其传播途径,防止疫病的流行。消毒是预防疫病必不可少的重要措施之一,其目的就是消灭外界环境中的病原体传染源,以切断传播途径,防止疫病的传播和蔓延。

2.消毒的分类

(1)预防性消毒。养殖场日常的饲养管理:应定期对鸭场地、舍内外、饲养用具、人员车辆等进行常规消毒,如在鸭场的门前设置消毒室和消毒池,对空鸭舍用高锰酸钾和福尔马林熏蒸等都是非常有效的预防性消毒措施。为较好达到预防传染病的目的,鸭场应每天进行卫生清洁,每周不少于 2 次的全场消毒及 1~2 次的带鸭消毒。

(2)随时性消毒。随时性消毒是指在发生传染病或可能存在传染源的情况时,为了及时消灭病原体所进行的消毒措施。消毒的对象包括鸭舍、隔离场地以及患病鸭及其排泄物等一切可能受到污染的养殖场所、生产用具和物品。在疫情期间应进行定期多次消毒,患病鸭隔离圈舍应每天消毒或随时进行消毒。在患病鸭解除隔离、痊愈或死亡后,必须对疫区

(点)内可能残留病原体的地方进行全面彻底消毒。

3.消毒的方法

(1)机械性清除。机械性清除法是最常用的方法,主要是通过清扫、洗刷、通风等方式,清除鸭舍内外的病原体。该方法不仅可以清除大量的病原体,还可以提高其他消毒法的效果。

(2)物理消毒法。物理消毒法包括紫外线、阳光、干燥、高温高压、煮沸、蒸汽消毒等方法。

(3)化学消毒法。化学消毒法是用化学药品的溶液来进行消毒,常用的有氢氧化钠、生石灰、高锰酸钾、来苏尔、过氧化氢、新洁尔灭、漂白粉、碘、过氧乙酸、乙醇、福尔马林等。

(4)生物热消毒。该法主要用于污染的粪便、垃圾等的无害化处理,利用发酵过程中产生的热量杀死病原微生物。

二 鸭粪便的处理

1.鸭粪便的处理方法

规模化鸭场每天产生大量的鸭粪和废水,环境的污染日益严重。养殖户应转变养殖观念,将传统的开放式舍外散养改为离岸式舍内旱养。可高效地把鸭粪集中于圈舍内,便于收集处理,同时又可减轻对环境的污染。在充分利用鸭粪资源前,必须要采用适当的方法杀灭其中病原微生物,减少有害气体的产生,鸭粪的无害化处理是减少污染的有效途径。

2.鸭粪便处理后的用途

鸭粪中氮、磷、钾含量丰富,鲜鸭粪经过脱臭、发酵腐熟、杀虫灭菌后作为肥料用于农田,可提高土壤肥力,增加土壤有机质含量;鲜鸭粪经脱水、烘干、消毒等处理后,还可作为鱼类及反刍动物等畜禽动物的饲料,

经过处理的鸭粪饲料营养价值高,且适口性好;此外,鸭粪可用作生产沼气的原料,经过沼气发酵,可生产廉价的沼气,发酵后的残留物也可作为有机肥料。

（三）鸭场污染物、病鸭和病死鸭处理

为防止疫病的传播扩散,保障畜禽及其产品的质量安全,必须对鸭场污染物、病鸭和病死鸭进行无害化处理。无害化处理是指用物理、化学等方法处理病死及病害动物和相关动物产品,消灭其所携带的病原体,消除危害的过程。主要包括以下几种方法。

1.焚烧法

焚烧法是指在焚烧容器内,使病死及病害动物和相关动物产品在富氧或无氧条件下进行氧化反应或热解反应的方法。

2.化制法

化制法是指在密闭的高压容器内,通过向容器夹层或容器内通入高温饱和蒸汽,在干热、压力或蒸汽、压力的作用下,处理病死及病害动物和相关动物产品的方法。

3.高温法

高温法是指常压状态下,在封闭系统内利用高温处理病死及病害动物和相关动物产品的方法。

4.深埋法

深埋法是指按照相关规定,将病死及病害动物和相关动物产品投入深埋坑中并覆盖、消毒,处理病死及病害动物和相关动物产品的方法。

5.硫酸分解法

硫酸分解法是指在密闭的容器内,将病死及病害动物和相关动物产品用硫酸在一定条件下进行分解的方法。